有个性的
小户型家居

30 例

[日] 主妇之友社　著

蔡晓智　译

中国水利水电出版社
www.waterpub.com.cn

·北京·

序

就算房子很小，也可以根据自己的喜好进行室内装饰，按照自己喜欢的方式生活，把它打造成最舒适的居所。

本书用大量的实例介绍如何把小户型打造成自己喜欢的居所——

30个家庭、30个小户型的独特做法。

※本书是把刊登在《PLUS1 Living》《第一次盖房子》《第一次的Re；Form》上的文章再次编辑出版。
年龄及家庭成员构成等是采访时的情况。

Part1 小户型的室内装饰 5

C O N T E N T S

Part2 小户型也能尽情享受生活 …… 63

Part3 让小户型更舒适！整理与收纳的规则和点子 .. 141

Part 1

小户型的
室内装饰

实现了自己一直憧憬的北欧风。
简约温暖,纯白色的家

T先生　●夫妇　◆独栋
建筑面积 **57.53** ㎡(使用面积总和91.25㎡)

　　T 夫妇离开结婚后一直租住的公寓,翻盖了陪伴女主人度过孩童时代的老房子。

　　女主人自高中时代开始便憧憬北欧,对于北欧可以说由衷地喜欢。2010 年新婚旅行时终于去了一直向往的哥本哈根、斯德哥尔摩和赫尔辛基。当时参加了以观赏北欧设计为主题的旅行团,去的正是阿尔托的宅邸。

　　"从那时开始,'简约温暖的白色之家'这一住宅理念在我的头脑中变得更加清晰。两年后开始装修自己的房子时我毫不犹豫地选择了北欧风。旅行时选购了很多北欧杂货和餐具,很希望使用这些物品烘托室内氛围。"她用新婚旅行时购买的物品和能勾起旅行回忆的小物件装饰新房子,心情非常愉快。

Profile
男主人的"木工技术水平是在学校技术课中学到的",但是DIY水平相当了得。女主人曾经在杂货商店工作,很喜欢室内装饰。

①将餐桌布置在东南朝向的窗户位置,可以沐浴着朝阳享受早餐。在房子的一个角落设计了工作间,摆放着电脑,"为了节省空间,没有在房子里专门设计书房"。

②天花板较高,充足的光线通过高侧窗照进DK,点缀Louis Poulsen的灯具。

③与厨房深处相连的家务室(译者注)的设计很好,顶到光线照射下来,非常明亮,形成类似玻璃房的空间。从木质室内窗可以看到DK,感觉十分可爱。

译者注:家务室是洗衣、烘干、熨烫以及其他家务劳动的独立空间。从事家务的同时,不会对室内其他空间的使用产生干扰,能保持家庭的整洁有序。

注:DK表示兼作餐厅和厨房的房间。

7

①设在家务室里的备餐室出口采用圆拱门，呈现出柔和的氛围，里面收纳了餐具、储藏食品和大型烹饪工具等物品，架子是DIY的。

②炉灶周围采用白色瓷砖，给人以清爽的感觉。放置在家电架上的"美诺"烤箱很合主人的心意。

③这里摆放着主人喜欢的厨房用具和餐具，保证了充足的收纳空间。

④用"宜家"的各种小物件对吧台DIY，兼顾中意的设计和成本的控制。

Style1

⑤做做家务，或者享受编织东西的过程。吧台和架子进行简单组合，通过DIY轻松打造好这个角落。椅子是阿尔托的设计作品。

⑥在内阳台风格的阳台享受茶和美食。有屋檐所以不必担心阳光曝晒，可以完全放松下来，墙壁也足够高，可以遮挡来自外面的视线。

⑤ ⑥

　　为了能够在预算范围内打造出理想的住宅，装修时加入了很多DIY元素，从墙面的粉刷到瓷砖的铺贴，甚至还挑战了自己铺设露台地板，制作家具。

　　男主人说，"我觉得做一件事情只有努力过才会成为回忆，才会让人对家产生依恋"。女主人也提到，"能省的地方要尽量省，但是设计和素材绝不能妥协，要坚持自己的想法。最终完成的结果让人非常满意！呈现北欧风格的室内装饰正是我想要的。"

　　计划中有一项重要内容就是将餐厅和客厅分开，在两者之间加入露台。

　　"我们也知道一室型的LD会更宽敞，但还是希望能有几个不同氛围的空间，享受不同的乐趣"。餐厅很有开放感，令人豁然开朗；客厅给人放松的感觉；而露台则使人仿佛置身户外，心情很愉悦。

　　"虽然每个空间都很小，但可以转换心情，对我们来说这是最重要的"。

注：LD表示除了餐厅还兼作起居室的房间。

①不让客厅天花板的高度过高，可以营造出轻松惬意的氛围。坐在沙发上时视线较低，让人更容易放松。

②阳台上的植物为客厅带来了丰富多彩的颜色，花架可以让住在里面的人享受园艺的乐趣，地板采用"宜家"的甲板材料，自己施工。

③客厅北侧的大型落地窗将种植绿植的阳台间隔开来。

Style1

④卧室着重设计了收纳空间，在两面墙壁上制作了到顶衣柜，而且都没有安装衣柜门和推拉门，而是用帘子遮挡，以降低成本。

⑤洗漱间＆浴室和卫生间、卧室在一条直线上，早晨梳洗化妆非常方便，晚上入浴后也可以马上休息。洗手台采用了天然素材。

⑥打开玄关门后映入眼帘的是鞋帽架，"有了这个鞋帽架就不必制作鞋柜了，门厅更加宽敞"。和备餐室一样，内部的架子也是由自己打造完成的。

⑦在门旁边安装了一块玻璃，门口的位置也很宽敞。站在厅里就可以清楚地看到外面的景色，而且厅里的光线也很明亮。

Style 2

将大自然带来的好心情融入生活的 都市健康之家

西村先生　● 夫妇+1个孩子　◆ 公寓、翻新

使用面积总和 **48.31**㎡

Profile

"Zerorenovation"的建筑师一宏先生、自然派化妆品的开发负责人智子女士与3岁的小一玖。一家三口生活在一宏先生设计改造的二手公寓里。

这是西村家休息日早晨的经典场景。灰浆吧台和开放式厨房非常适合家人一起动手做料理。

①

建筑师西村先生一家居住在市中心的人口密集区。"但是我们仍然希望将阳光、风、天空和绿色等自然带来的好心情融入到生活当中，所以在寻找房子时比较看重宽敞的阳台，以及开扬感"。

西村先生家吃饭绝对属于开放派。屋顶阳台约有 12 叠摆放了户外用沙发和餐桌，作为次客厅兼餐厅使用。"天气好的时候，早中晚三餐都会安排在这里，夏天会把塑料游泳池拿出来，晚上夫妇二人还会一起小酌——我们家在室外度过的时间绝对更长"。

室内装饰当然也选择了自然风格，墙壁采用灰泥，地板采用无垢橡木材。为生活增添色彩的是"散步盆栽"——"松果和橡实发芽后看起来很像盆栽，我们会在登山和散步时收集一些，种在自己喜欢的花盆里精心培养（笑）"。这种植物与观叶植物风格不同，很有艺术气息，用来装饰室内很有特点，让人享受。

①沐浴着朝阳在露台吃早餐，"比起在室内吃早餐更加美味，而且心情也特别好"。沐浴阳光还有使身体清醒、更和谐的效果。
②来自"宜家"的餐桌和户外用沙发，把桌腿截掉一部分，调整了高度。
③"在这个位置刚好能够看到前面公园的绿色，让人心旷神怡"。
④点缀生活的精选盆栽。

注：叠是计数榻榻米的单位，因为榻榻米的大小是固定的，所以日本人习惯以榻榻米的大小作为面积单位，其传统尺寸是宽 90 厘米，长 180 厘米，面积约为 1.62 平方米

餐厅挑选了使用上等国产木材制作的家具，购买自 "Masterwal" 的餐桌和 "飞騨产业" 的餐椅。

Style2

①安装在天花板上的秋千，"经常自在地荡秋千"。墙面是灰泥，地板是无垢橡木材，室内装饰材料都是自然风素材。

②③客厅一角设计了带阁楼的儿童角，玩具收纳在阁楼上。"我们打算孩子还小的时候挤一挤住在这里，等孩子长大后再换更大的房子"。

④在控制成本的同时也注重美观和使用方便，浴室里也选择了灰浆。

⑤洗手台、卫生间与浴室一体成型，"灰浆不仅成本低廉，而且很有质感，因此我推荐在用水的部分使用"。

Style 3

最爱的电影是设计灵感的来源。使用北欧杂货进行室内装饰

田中女士 ● 夫妇+2个孩子 ◆独栋

建筑面积 **64.18** ㎡（使用面积总和119.25㎡）

Profile

自己的房子建成后不久，田中女士就在客厅开起了搜集销售"使生活更美好的物品"的商店——"海鸥舍"（tsubame-sha.com）。她与丈夫有2个孩子，是一个四口之家。

①在考虑功能性和成本之后，选择了整体厨房。田中女士委托木工师傅把整体厨房融入周围环境，打造出自己喜爱的氛围。
②厨房就像是司令塔，能够环视客厅、餐厅和日式房间。在背面的开放式置物架上镶嵌小块长方形瓷砖做点缀。
③餐厅是北欧风，窗边放有一张餐桌。阳光透过亚麻窗帘照进窗户，给人非常柔和的感觉。
④粉刷了其中一面墙壁——"制造点缀性墙面，不同位置使用不同的颜色，可以使人心情愉悦"。

　　为了以后建造自己的房子时做参考，田中女士会把杂志中喜欢的场景剪下来，设计自己喜欢的场景。"以前喜欢自然可爱的风格，后来逐渐转向黑色或锐利有质感的风格……但是对北欧的杂货和电影《海鸥食堂》的喜爱从未改变"。负责设计的"field"的平野先生说，"看了田中女士的剪贴簿，并多次与她沟通，哪个可以用、哪个不能用……终于找到了适合田中女士的方案"。最后完成的新居完全就是把田中女士"喜欢的想法重现的房子"。
　　在面朝大海的客厅里摆放着她一直想要的燃木壁炉，休息日与家人一同欣赏 DVD。平时 DK 是生活的中心，"精心打造的客厅还在闲着(笑)"，便开起了倡导"更美好生活"的自家商店。田中女士的每一天都过得十分充实。

登上楼梯就是宽敞的客厅，开口位置
没有安装门，使DK和日式房间有融
为一体的感觉。亚麻窗帘在透光通
风的同时也起到了很好的间隔作用。

①组合沙发是休息日家人的固定座
位，与北欧二手家具十分搭配。
②北欧设计的简约燃木壁炉来自挪
威Jotul公司。利用楼梯井的高度
设计了投影，周末时家人在一起欣赏
DVD，保留节目就是《海鸥食堂》。

③平时利用客厅的闲置空间开设自
家商店"海鸥舍"，搜集销售田中女
士自己希望在生活中吃穿用到的"生
活用品""美味食品""漂亮的装饰
品"。

④卫生间采用"试验用水槽"，简约
清爽，用长方形瓷砖和船用灯作为
点缀。
⑤玄关正面设计了这样一个角落，无
论家人回家还是客人到访，在这里能
够舒缓心情，感受四季更迭。
⑥走出厨房，就可以看到面向跃层客
厅的楼梯旁边有一间铺设榻榻米的
次客厅。
⑦玄关门在地毯的右侧，里面放有大
容量鞋柜和衣柜。

Style 4
适合古典家具的
简约室内装修让使用空间更宽敞

原川先生 ● 夫妇 ◆公寓、翻修
使用面积总和 55.20 ㎡

　　原川夫妇之前租住在附近的公寓。两人很喜欢这一带，"我们的预算很难购买新房子，但是二手房的话就没有问题"，最终以低于预期的价格购买了房产，将剩余预算用在了室内装修上，轻松开始了他们的装修计划。

　　原川夫妇希望使紧凑的空间尽可能看起来宽敞一些，改变室内装修，使其与自己喜爱的家具搭配。"风格工作室"的设计负责人说，"在多次交谈后，发现房主更希望改变房间的'空气感'，而非室内装修。因此决定充分利用能够利用的设备——例如地板和踢脚线采用无垢材，而厨房的面材仅粘贴薄纸——采取这些做法把预算集中用于与空气感相关的部分。"而且原川先生提交的希望购买的家具清单附带有照片，"这样的话我们自己喜欢的风格会更清晰，需要花钱的地方也会更集中"。明确了装修目标，终于在预算内如期打造出了自己心目中理想的住宅。

①LD采用地热，地板选用了适合地热的橡木无垢材3层木地板，涂饰经调色的乡土灰，以搭配古典家具。

②餐厅摆放着之前一直使用的北欧古典餐边柜和从"hiro"订购的餐桌。墙面使用涂料，天花板粘贴墙纸，控制了成本。

③沙发位于可以环视整个房间的位置，仅在其背后的墙面上涂饰很有质感的硅藻泥。硅藻泥可以吸附异味，为将来养狗做好准备。

客厅很适合"TRUCK"沙发，设计焦点是背后安装了架子。

Profile

原川夫妇结婚已经11年。休息日两人经常会去跑步，女主人更是在超级马拉松中跑完了100km，颇有实力。夫妻俩会经常一起逛附近的室内装饰用品店。

❷

❶

❸

①预先做了计划,使厨房里与客厅成死角的部分能够容纳下垃圾箱和家电,因此从客厅看过去十分清爽整洁。

②多亏男主人制作的家具摆放位置图,3人沙发和餐桌等心爱的家具能够轻松摆放好,餐桌放在了最初决定的位置,吊灯的位置也正合适。

③安装了烤箱架,使用非常方便,而且使厨房看起来很明亮,颇有咖啡店的风格。

④厨房保留了现有的设备,在墙面上粘贴瓷砖,并且改变了门的设计,给人焕然一新的感觉。

⑤

⑥

❼

⑤玄关更换了质感很好的无垢材百叶门,看起来更清爽。为确保透气并能够放得下靴子,对收纳的底板重新设计,采用可活动的样式。
⑥洗脸柜利用现有的,在门上粘贴薄纸,配以施工方提供的把手。在墙面的一部分粘贴喜欢的瓷砖,地面采用颜色协调的地砖。
❼将窗框余成白色,使其与墙壁融为一体,手纸盒也换成自己喜欢的。

LIFE
with
GREEN

与绿植一同生活

精选器具和花盆，把绿植作为素材享受
（上部分中间）

PROFILE
室内设计师
石井佳苗

石井小姐打造的中性且具有手工艺品感的造型十分受欢迎。她不仅活跃于杂志、广告，还主办了为女性提供漂亮DIY方案的WEB杂志《LOVE custmizer》。作品有《室内装饰练习帖》（宝岛社）等。

在波特兰学会的室内绿植装饰

石井小姐把绿植和与手工艺品一起悬挂在架子上、用手工挂篮吊起来、或者和自己喜欢的DIY物品搭配在一起，就可以轻松惬意地在室内享受绿意了。她在室内装饰中采用绿植是最近的事情。

"我开始对室内绿植感兴趣是去波特兰的时候。在波特兰，大街上绿意盎然，甚至每所房子的室内也都采用了绿植装饰，看起来非常时尚"——这些让她很心动。

最合石井小姐心意的是手工编织的挂篮，"手工艺品很有时尚感，如果房子比较小的话，养绿植可以采取悬挂的形式。我学会了怎样手工编挂篮。"也可以把小的植物摆在架子上，或者把空气凤梨作插花材料。在波特兰她还看到了很多用植物进行室内装饰的做法，热情满满地打算——尝试。

LIVING & DINING

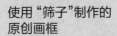

使日用品和手工艺品
完美地融合在一起

使用"筛子"制作的
原创画框

石井小姐在家居中心找到了"筛沙子用的筛子",具有操作工具独有的味道。干爽的仙人掌和空气凤梨很适合这样摆放。

GREEN
DECORATE
IDEA
01

以十二卷（左数第2个）等多肉植物为中心,摆放了轮廓很有个性的植物和花盆。

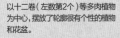

LD用植物装饰墙面,桌子上兜兰的红色花盆点缀着整体空间。

将在波兰找到的陶器和日本的陶器等喜爱的手工艺品集中摆放在一角,并配以绿植。

25

①完工后的厨房仿佛咖啡店一样。N夫妇希望吧台上的灯具呈现灯泡原本的形状，因此选用了没有灯罩的"裸灯泡"，线缆的缠绕方式看起来很漂亮。
②在古玩市场上抽中了昭和玻璃箱，碗盘等日常使用的餐具放在里面。
③厨房吧台采用平台梯和不锈钢材质的"reno-cube"原创产品。

Style 5

通过翻修
实现氛围舒缓的
咖啡店风

N先生 ●夫妇+2个孩子 ◆公寓、翻修
使用面积总和 **69.00**㎡

　　N先生一家所住的公寓房龄已经有21年，水龙头的位置也开始出现问题，夫妻俩决定对公寓重新装修。他们想使用旧家具和杂货，把房子打造得有味道。

　　二手家具和朴素自然的无垢橡木材地板相得益彰，卧室和收纳间都不安装门，这样的设计不但可以降低成本，也不会藏纳湿气，很容易打扫。另外还拆掉了多余的隔断和固定吧台，今后可根据需要灵活地改变布局。

Profile
N夫妇喜欢怀旧工具,经常会去逛商店和咖啡店。两个孩子一个3岁,一个2岁,都很喜欢妈妈亲手做的料理。

④餐厅以订购于名古屋的二手和定制家具店"trimso"的餐桌为主角,搭配各式各样的椅子。将新品和二手家具完美搭配。
⑤⑥餐厅的收纳间没有安装门,而是采用帘子降低成本,更换帘子就可以轻松地改变室内的氛围。结构也很简单,采用活动式架板。

　　接受委托的"rhino cube"的设计改变了走廊的位置,这个方案让夫妻俩很吃惊。把原本位于中间的走廊移到一侧,做出了L形的动线,这样,玄关附近就有了闲适的感觉。住在这样的房子里,做家务也很轻松,每个角落都可以让人感受到家的氛围。"周围都是喜欢的东西,每天都很自在,没有压力。有趣的杂货也让房子看起来很有生气。"

拆掉天花板，露出混凝土结构，使天
花板更高，房间也显得更宽敞。地面
采用无垢橡木材，表面喷涂成暗色调，
呈现古典风格。

①白色的墙壁旁摆放着椅子，十分协
调，打造出一个很可爱的角落。座椅
很像小学老师使用的，是从古董市场
买来的。
②把以前的房间改成了走廊，还设计
了安装平台梯的展示空间。
③卧室的入口用帘子隔开。因为打
算将来作为儿童房，所以安装了两处
电源开关，方便以后分隔成两个房间。

④把朝北房间的墙拆掉，形成了宽敞的玄关，地面是混凝土。保留了原来房间的窗户，所以采光很好。窗户下面是平台梯和用回收纸箱自制的鞋柜。

⑤把一整面墙上喷涂成草绿色，对卫生间起到了装饰作用。

⑥希望"把洗手台做成理科室的感觉"，因此采用了医院等场所使用的"多功能水龙头"。

Style5

Profile
K女士与兼任足球教练的公司职员男主人享受着二人世界。委托品位一致的"RenoReno"（reno-reno.info）对公寓进行了翻修。

固定在平台上的吧台桌很有品位，还兼作料理台和餐桌之用，非常适合小空间！

Style 6

甄选精而可爱的杂货。

室内装饰保持清爽，尽可能不囤积物品

K女士　●夫妇　◆公寓、翻修

使用面积总和 **62.38** ㎡

①

②

以木材为基本，风格朴素自然，也在各个角落使用了不同的色彩，整体风格简洁又可爱——这是 K 女士的家。架子上疏疏朗朗地摆放着精心挑选的生活必须品——"我不喜欢东西摆得满满当当的，所以用小房间做收纳间，除了文具、餐具这些总要用到的东西，其他的都收在里面。"LDK 旁边相对着的两面墙上安装了可动式置物架，衣服、鞋子和书收纳得井然有序，一眼望去就能看到整体情况，哪件物品收在哪里一目了然。物品有了固定位置收拾整理起来会很容易。

当然，还必须想方设法不让物品囤积，"一年都没用过的东西就不要了，会通过旧物调剂市场或者网上拍卖处理，也常去跳蚤市场"。时时留意不让物品囤积，也是让生活轻松舒适的窍门。

①在厨房对面设置了一张吧台，作为工作间。让一个空间身兼多种用途的思路非常适合小空间。碗柜中仅收纳平时要使用的餐具。
②餐椅的颜色有点缀空间的效果，是在网上搜索"可清洗椅套""可旋转餐椅"等关键词搜索到的。

注：LDK 表示除了餐厅和厨房外还兼作起居室的房间

①

②

③

①LD看起来远比实际的面积要大。沙发是目黑的"brunch:brunch"，与无垢材地板和绒毯非常协调。

②K女士很喜欢杂货，购买时会精挑细选，所以很多物件都会使用很久。几乎没有闲置过的收纳盒已经有20年了。

③电视机旁的小绿植，是为了营造出清爽的氛围而购买的。

Style6

④架子上基本不会放置物品,实用品也会尽量摆放得像展览一样美观。
⑤洗漱间十分清爽干净,在这里仅放置少量必需品。
⑥门上有一面复古镜,用来点缀客厅,打开这扇门就是卧室。
⑦作为仓库使用的收纳室大概有5叠大小,平时门会开着,因此LDK会更加明亮,通风也很好。

Profile

夫妻和儿子组成的三口之家。委托
"LIVING Design Buro"把房子
设计成细长开放的空间。"今后希望
增加大门口的植物"。

Style 7

以"开扬感"为主题。让人轻松的设计随处可见

仲野先生 ●夫妇+1个孩子 ◆独栋
建筑面积 **44.09**㎡（使用面积总和81.51㎡）

　　仲野先生家的正面宽度大约有 3m，客厅的衣柜与墙面之间仅有 1.7m，却让人很松，并没有狭窄的感觉。正如夫妻俩提到的"主题是开扬感（笑）"，为生活得开放而进行的设计随处可见。例如，为了让高的部分看起来更高而在天花板上设置高低差，在墙面上使用椴木胶合板等明亮色调的素材，这些做法都会让空间显得更宽敞。另外还采取了减小收纳架的纵深、将架板放置在腰部以上位置等设计，使空间看起来比实际更大。

①把日用品装入可爱的"好市多"纸箱里，与杂货放在一起。
②玄关与壁柜之间摆放着电视柜和装饰架。原创的带轮餐桌在不用时也会收纳于此。
③LD中使用吊灯等德国复古风杂货，会使人联想到前东德的住宅。家具和装饰架也尽量选择尺寸较小的。

④厨房吧台的裙板采用穿孔金属板，椅子是"意大利椅子"，通过增加开扬感来消除压迫感。
⑤挑选了"卡西纳"的圆形餐桌，桌角不会妨碍人通行，平时可以调小，有客人的时候可以根据客人多少调节大小。选择了蓝色花纹风格古典的帘子遮挡备餐室。

　　也遵循一些规则使地板更具开扬感：挑选带腿沙发和柜子，其余物品多采用"悬挂收纳"，尽量不在地板上放置物品。儿子的日用品和客人用的拖鞋分别放入袋子里挂在墙上，还可起到装饰作用。在玄关附近装饰杂货和挂衣服也是一个很有效的方法。想象一下逛商店时的心情，首先映入眼帘的是摆放的物品，并不会注意空间的大小。"因为空间狭小所以就习惯了思考如何去克服，这也让人很享受，会让人对家产生更多的依恋"。

Style7

①原创的不锈钢厨房。垃圾箱选用了节省空间的轻薄型。
②并没有采用背面吧台,而是使用"宜家"的不锈钢架有效地利用墙面。"这里想采用混凝土墙壁,知道会有很多裂缝,因此让施工方预先刷了涂料"。
③之前住户使用的碗柜用在了备餐室,把乐谱粘在纸箱外面作为收纳盒使用。

④为确保空间的宽敞,减少了卧室里使用的架子和桌子的纵深。
⑤"鞋子伸出来一些也没关系",因此采用了纵深较浅、没有压迫感的架子。把帽子等装入袋子里挂在墙上。
⑥玻璃瓦的原创洗手台。用瓶子作为牙刷架使用。
⑦儿童房的墙壁也基本采用椴木胶合板,点缀木纹结构胶合板。

窗边安装了晾晒衣物的横杆，下面的横杆还可以晒被子。悬挂绿植点缀室内。去掉了阳台，把阳台面积纳入室内。

❺

❻ ❼

37

Style 8

时尚与灵活！
好品位的关键是利用盒子收纳

K先生　●夫妇　◆公寓、翻修

使用面积总和 **38.83** ㎡

①阳台铺设旧材料，延续了客厅的感觉。走到户外看看植物会让人放松，心情更好。
②角落里放置了一面大镜子，通过映射效果使空间有放大的感觉。
③电视机台上摆放了几个木盒子收纳日用品，可以随意重新组合。木盒子购于"MARUTO"。

　　K先生的家颇有品位，置身其中让人感到轻松悠然，实在难以置信这里只有约 38 ㎡！"朋友们会经常欢聚在一起，我们又喜欢杂货，还养着兔子和鹦哥……（笑），平时会注意不去囤积多余的东西，让生活轻松舒适"。因此买东西的时候会精挑细选，"映入眼帘的必须是喜欢的东西"——K太太的这一理想自然而然地实现了。

　　为了能在有限的空间内生活得更舒适颇费了一番苦心，包括不同场所的共用，以及利用盒子收纳。配合沙发的高度选购了茶几，餐厅和客厅合二为一；厨房同时兼作走廊，保证宽敞的空间。另外，不放置让人有压迫感的收纳家具，而是利用蔬菜箱等灵活地收纳，这种收纳方式十分灵活，因此空间得到了有效利用。他们不会储存食品而是经常去逛街购买，借车站屋顶的菜园享受种菜的乐趣。通过类似于将生活的一部分外包的做法，在狭小的空间内生活得美满充实。

Profile
结婚后购买了二手公寓。委托
"YUKUIDO" 对宽敞的LDK+1
间宠物间的格局重新设计翻修。

通过有一定高度的茶几与沙发搭配，
实现餐厅与客厅的结合，朋友聚会时
可以尽兴地谈天论地。沙发和扶手
椅来自"TRUCK"，茶几来自"无
相创"。

①厨房为开放式收纳，注意控制物品的数量和"外观"。K太太的原则是"映入眼帘的必须是喜欢的东西"，用美观的物品进行"展示"收纳。

②厨房的餐台兼作收纳。

③厨房还兼作过道，使空间看起来更宽敞。"看起来美观的话打扫和整理也会更有干劲，所以精心贴了一直喜欢的花砖"，K太太说。

④卧室里接近天花板的位置安装了架子，更有效地利用空间。

⑤书和游戏收在木盒里，置于床腿旁边不显眼的地方。

⑥玄关里放有旧材料做的长椅和箱子组成的鞋箱，鞋拔子和琐碎的日用品收在包里。这里打造成了一个颇有品位的角落。

在卧室摆放观叶植物可以让人更放松。安装在较高位置的架子超出了视线范围,因此不会有压迫感。

LIFE
with
GREEN

与绿植一同生活

作为杂货和日用品的点缀

享受室内装饰绿植可以更时尚，窍门就是"不以植物为主体，把花盆和器具作为素材使其融入空间"。

放在个人喜爱的大师作品或者具有手工艺品感的花盆中，摆放在装饰着杂货的架子上，或是作为日用品的点缀，而不是简单地单独放置，这些都是窍门。使植物与空间自然而然地融汇在一起，便可营造出漂亮的一角。

KITCHEN

在放置很多器具的厨房里
装饰一些小的但有存在感的物品

悬挂在窗边的蓬莱蕉是LDK的主角，
"植物会让空间看起来充满活力"。

"不久之前，提到室内装饰绿植的话，给人的感觉是在地板和橱柜上放置大型观叶植物。而如果把植物作为素材的话，会发现有很多方法，可以享受到生机勃勃的植物带来的放松感，所以我极力推荐使用绿植进行室内装饰！"

窗边的架子光照很好，在上面摆放了花盆较小但叶子较大、有存在感的鹿角蕨。

把有缺口的茶壶作为花盆再利用

没有底孔，可以在底部放入浮石，并采用防止根部腐烂的土。植物推荐用不必频繁浇水的多肉植物。

把折断的茎放在小瓶内，"生根之后就可以种在花盆里"。

虎尾兰和这里的红色墙面很协调。

Style9

以纽约的咖啡厅为原型。
采用彩色墙壁
充满异域风情

○先生 ●夫妇 ◆公寓、翻修

使用面积总和**58.58**㎡

○先生家中的墙壁上镶嵌了砖瓦，并采用了铁制室内窗，使人仿佛置身于纽约的咖啡厅，印象深刻。女主人十分精通室内装饰，她说，"最近流行纽约布鲁克林风格"。精心挑选的无垢橡木材作为地板材料，墙壁精心选择了平涂灰泥，"为了能够自己重新粉刷"，工作室中采用了可粉刷的墙纸。另外，由于光线无法照进工作室，为兼顾

①室内窗采用带有气泡的玻璃，衬托出怀旧氛围，参考了纽约的老式建筑。窗户的上部采用开闭式，不仅采光好，还可以通风，在提高舒适性的同时，也提升了整体氛围。

②沙发周围布置得比较简单，"墙壁采用了灰泥，因此室内的感觉也很清爽"。他们的爱犬Sara好像也很喜欢这种设计。

Profile

女主人十分喜欢室内装饰，男主人觉得很满意，"多亏妻子喜欢室内装饰，我们才能住在这么漂亮的房间里（笑）"。

光线透过室内窗照进里面的工作室，LDK一侧"得益于透过室内窗的照明灯光线，让人感觉仿佛置身于日落时分的咖啡厅！"

采光而制作了室内窗，成为室内装饰的一处亮点。"开始曾想做成奢华的白色木窗框，不过看到设计事务所的办公室里铁制的窗户，非常有纽约咖啡厅的感觉，正是我想要的，就改变了主意！"女主人说他们终于完成了属于自己的房子，感觉在家中度过的时光非常圆满。

工作室墙壁采用绿色,上沿为灰色,很像国外的工作室。地面铺设陶瓷砖,营造出类似混凝土地面的感觉。光线和风都可以从室内窗进入工作室,因此工作室既明亮又舒适。

①厨房来自"宜家"。为了与室内装饰搭配，橱柜选择了经典型的门，墙壁砖选用了矩形瓷砖，与LD的砖瓦实现无缝连接。

②在厨房与LD之间设置了一个小型吧台，用以遮挡厨房。

③玄关的鞋柜利用现有的，喷涂成蓝灰色，感觉焕然一新。

④LDK的门也是将现有的喷涂一新，降低成本。有韵味的蓝灰色给空间以纵深感。

⑤灰色喷漆和马赛克瓷砖将洗手台衬托得颇有品位。

金属和木头混搭的厨房和餐厅很有咖啡馆的感觉，餐具和炊具也起到了装饰作用，这种粗犷的风格很有魅力。

Style 10
浓厚的工业风和有温度的陈旧美混搭

门林先生 ●夫妇+1个孩子　◆独栋、翻修
建筑面积**51.90**㎡（ 使用面积总和117.90㎡ ）

Profile

喜欢料理的门林夫妇和1岁的儿子礼莞3人一起生活。去年委托"eightdesign"（eightdesign.jp）对这栋房龄30年、钢铁构架的独栋房屋进行了翻修。

　　天花板上波浪形的铁板上露出的黑色铁架，不锈钢的商用厨房……门林先生的住宅非常整洁，有着浓厚的工业风。但是并不会让人觉得冷淡无趣，因为古董和复古家具增添了粗犷的味道和温馨的感觉。

　　男主人从单身时开始就很喜欢陈旧美，翻修时首先考虑的问题就是空间要适合这种旧家具，"但是古民居和复古的房子又……觉得在硬朗的空间中反而会让人更轻松，还要让房子和喜欢的家具相配。"而且不要把家里塞满杂货和小物件，日常用品自然随意地摆放是关键。恰到好处的简约和生活感，使室内装饰看起来很时尚。"不局限于一种类型，而是用喜欢的东西随意混搭，就成了自己喜欢的风格。"

①厨房中安装了L形的挂架,毛巾等
扫除工具放在旧箱子里,蔬菜放在欧
式旧篮内。
②把正式的咖啡用具放入面包箱内,
咖啡桶罐等物品随意放置。
③作为碗柜使用的昭和展示柜是通
过拍卖购得的。
④厨房采用商用设计,是使用方便的
U字形。

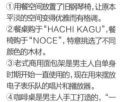

①用餐空间放置了旧钢琴椅，让原本平淡的空间变得优雅而有格调。
②餐桌购于"HACHI KAGU"，餐椅购于"NOCE"，特意挑选了不同颜色的木材。
③老式商用面包架是男主人自单身时期开始一直使用的，现在用来摆放电子表乐队的唱片和播放器。
④咖啡桌是男主人手工打造的，"一直想要一件体现品位的东西"。

⑤用旧图书卡箱打造成了令人印象深刻的PC区。

⑥收纳间的帘子采用了帐篷面料,风格粗犷。

⑦金属牌和指示锁烘托了怀旧的氛围,裸露的灯泡用缆绳配合,效果很好。

⑧模仿喜欢的品牌的 logo 在楼梯上标上了数字和足迹,也是玩心满满,用石墨喷涂,有铁一样的质感。

松木材质的地面配以涂刷灰泥的墙面，厨房地面的瓷砖采用国产的流行品，显得很宽敞，营造出怀旧的感觉，餐桌来自"MADU"。

Profile
斋藤女士使用古典串珠制作装饰品，还在销售装饰品的网店开通了展示自己生活的博客。

Style 11
用旧物的质感
营造南欧乡村风

斋藤女士　●夫妇+1个孩子　◆独栋
建筑面积 **53.84**㎡（使用面积总和103.47㎡）

❶ ❷
❸

❶为了能够放得下家具,走廊设计得比较宽敞。架板看起来像是旧材料,是"放在室外经过风雨洗礼过的"。在走廊与工作室之间的墙壁上设计了室内窗。

❷厨房比较注重素感,例如在镶嵌马赛克瓷砖的吧台上安装了珐琅水槽、房梁上装饰旧材料,让空间更有味道。

❸柜子是从网上拍卖来的,儿童椅是把从"宜家"购买的椅子喷涂成白色。

　　斋藤女士使用古典串珠制作的装饰品简单精致。她的家也如这些作品一样,用旧物特有的质感营造出充满手工品温暖感觉的空间。设计与施工由"Sala's(Home Sala)"完成。斋藤女士家的装修也如创作作品一般,斟酌挑选每一件物品,精心打造,整个施工过程令人欢欣雀跃。

①"以后想开店"，所以在工作室安装了通到玄关的门。为了便于展示，有一面墙壁用木板制成。
②窗边摆放着手工制作的桌子，作为工作区。窗框上安装了细架子，摆放着装小珠子的容器。
③用尺寸合适的婴儿床代替长椅放在阳台。树枝搭在铁制架子上，在上面晾衣服。

Style11

墙壁以无垢材的地板为基底，表面喷涂灰泥。灰泥墙面上有斑，类似于涂在石壁表面时形成的斑，地板的颜色很古朴，很有味道。厨房和洗手台是原创，使用木头和瓷砖，甚至对接合处的宽度和门扇喷漆的光泽感都很讲究。让空间有纵深感的是古典的门、窗户和灯具。这些是Sala's和斋藤女士在网上或古玩店里找到的，不仅让空间有味道，还增添了住久了的感觉。

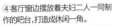

④

⑤

④客厅窗边摆放着夫妇二人一同制作的吧台,打造成休闲一角。
⑤与客厅相连的是家庭活动室,将来可根据需要间壁;可以坐在沙发上看电视,是一家人放松的地方。
⑥为了能够安然入睡,整体以白色为基底,选用简单而有质感的床罩和窗帘,加上面积较大的步入式衣柜,室内显得很清爽。

⑦玄关地面上铺着赤土烧制的瓷砖,在粗糙的接缝位置着色,有种旧旧的感觉,和放在衣柜上的铁制品很相配。
⑧嵌在与工作室之间的隔断墙上的古典型窗户给人以练达的感觉,玄关的框使用旧材料,增加了粗犷的感觉。

⑥

⑦

⑧

夫妇二人DIY打造！
以白色为基本色调
又不失色彩斑斓的房子

内藤先生　●夫妇+1个孩子　◆小区、翻修
使用面积总和 **45.43**㎡

Profile

公司职员内藤先生和专职主妇美保
女士。自入住后便开始DIY，花了3
个月左右的时间打造出了这一舒适
空间。目前还在持续改良中！

墙壁、柱子、天花板等喷涂成白色。
"每一天都能感觉到我们的家在一步
步改善，越来越享受这一过程"。

①

②

　　内藤一家居住在一个
房龄已有50年的小区。
夫妇二人挑战了之前没有
任何经验的DIY，把小空
间打造得不仅舒适而且还
十分明亮、干净，给人的
感觉非常清爽。房间用门
隔开，拆掉了壁柜的推拉
门，以消除对视线的阻碍，

①"之前房子被划分成太多房间，因此感到有些狭小。我们拆掉了门扇，将3DK变成1DK，因此房间变得宽敞了"。

②走廊的收纳门涂上黑板涂料，可以写留言或者画画。

③之前也想过在餐厅放一张餐桌，但后来决定还是用客厅的桌子兼作餐桌。

④选择不占空间的吊挂绿植，增加治愈感。

⑤从"宜家"购买了摆架时钟。不因为房子狭窄就用小的东西，使用装饰性的家具以节约空间。

并且整体喷涂成白色，以营造宽敞的空间。让人不会有狭小的感觉，反而觉得大小正合适。

　　时刻留意不让物品囤积非常重要，检查不用的物品有没有收好也是必要的功课，多余的赠品一概不要。因为可以预计到以后物品会增加，所以现在留出充足的空间。DIY×空间，得益于二人的通力协作，45㎡也并不觉得狭小。

①

②

③

④

①厨房的橱柜门也喷涂成白色，之前也考虑过用彩色，但最终还是选择了看起来比较简单的白色。炉灶选用了电磁炉，省出的空间正好可以收纳平底锅。美保女士在不锈钢台面上贴了瓷砖。

②推拉门一直保持打开的状态，空间显得很宽敞。把不用的推拉门作为墙壁，成了展示区。

③柜子中还有地方，虽然很想收集一些可爱的餐具，但最终还是决定不囤积物品，优先考虑是否易于取放。

④为了不妨碍使用水槽，把洗涤剂放在了吊篮里。

⑤

⑥

⑦

⑧

⑤拆掉了壁柜的推拉门，内侧也是自
己喷涂的，实现了使房间看起来很大
的效果。
⑥不同的位置选择了不同的颜色。
卫生间是绿色，特意选用了有光泽感
的油性涂料。

⑦玄关是黄色。为了不显得过于突兀，
十分注重整体的平衡。
⑧壁柜对面的墙壁是橙色，拆掉了所
有的隔断和门扇，把剩余的画框作为
展示空间。

让大家欢聚一堂的餐厅。这里还兼
作工作间,所以墙面上放满了资料。
欧洲购买的旧箱子、军用包还有"无
印良品"的盒子,物品收纳很美观。

Style 13
在简约的空间内
利用二手与工作系的物件提升品位

阿相先生 ●夫妇+1个孩子 ◆ 公寓、翻修
使用面积总和 74.37㎡

①夫妇二人都很喜欢做料理，"简单地准备三四个小菜，剩下的都是客人自己带来的"。今天的客人是中学时代的伙伴们。
②中间连接客厅和餐厅的是开放式厨房，"厨房采用了'请随意'风格"。
③收纳架采用了玻璃门，里面摆放着玻璃瓶、餐碟和调味料，客人也能一目了然。
④墙上很随意地写着当天的菜单。

Profile
阿相先生选择了从事住宅等设计＆翻修的"RYO ASO DESIGN OFFICE"。家里有妻子、儿子，是一个三口之家。

　　阿相家的室内装饰是通过在简约的空间内利用二手和工作系的物件提升品位。"军用或工作系的物品的功能性很有魅力，总是不知不觉就会买下来"。喜爱功能性和灵活性的阿相先生在家庭聚会中也会大显身手，"我们家的一大主题就是让大家聚在一起共度愉快的时光"，阿相先生如是说道。在他的家里，工作伙伴和朋友们"总会找一些理由聚在一起，吃吃喝喝谈天说地（笑）"。在按照自己的设计重新翻修的二手公寓里，任何一个角落都让大家感到享受，吃起东西也感觉格外美味。这里面凝聚了他的很多心思。

　　大家聚在一起时，"要能够自由地移动餐厅、厨房、客厅，让大家可以在自己喜欢的地方得到放松"。把收纳用的木箱和板子变成临时餐桌，餐桌的桌腿替换掉就可以变成炕桌。"我发自内心地希望大家能够在我家得到放松"，他的这份心意充分地传达给了客人。

①在收纳箱上放上木板,客厅的沙发便成为第二会场。

②为了让孩子们能够开心自在地玩耍,客厅布置得很简单。"transista"的沙发"稍硬,坐多久都不会感到累!能够让大家彻底放松"。

③作为桌子底座使用的木箱是在"Roundabout"找到的军用品,作为架子使用的凳子是在"Promerede"购买的。

④"放上杯垫后,不知不觉地就想拿着杯子坐在那里(笑)"。自然的动线非常美观。

Part **2**

小户型
也能
尽情享受生活

自然素材的LD和奢华
的浴室让人如同置身
度假酒店般放松

S先生 ● 夫妇+1个孩子 ● 独栋
建筑面积 **39.13** ㎡（使用面积总和92.39 ㎡）

Profile

夫妻两人和3岁的女儿组成了一个
三口之家。S太太说，"我咨询了
Plan Box设计事务所，很有信心，
相信这所房子虽然小但可以打造成
我们喜欢的家！"

上楼梯后正对的就是厨房，可以很
好地款待客人，地面的大理石和墙
面的马赛克瓷砖选择了漂亮而温暖
的色调。

①连接岛式吧台的胡桃餐桌是在福岛的"樵夫之店"定做的，椅子是在东京的家具店"Norsk"购买的。
②厨房用具采用开放式收纳，铁制架子是美国Enclume公司的产品。
③吧台上安装了"sanwacompany"的大型水槽。
④餐厅的一角设计成工作间。

　"我们夫妻俩都要上班，所以很希望回到家之后能够完全放松下来，好好休息。正因如此，我们委托设计事务所进行设计的时候要求客厅有开放感，让人忘却日常的纷繁芜杂，可以彻底放松下来"。特别是欣赏着绿植躺在浴室的浴缸里的时候，顶灯的光线洒下来，使人仿佛置身于度假酒店，一天的疲惫烟消云散。

　登上楼梯后首先映入眼帘的是岛式厨房，在这个"迎宾厨房"里热情款待客人的计划是女主人十分想要实现的愿望。"朋友来家里做客时，大家一起围绕在岛式吧台的周围做料理会非常开心。厨房的布局也考虑到了功能性，做起家务来十分方便快捷"。

　漂亮的大理石地面和马赛克瓷砖的墙壁很搭配，无垢材胡桃木餐桌使用了天然材质，非常漂亮。这样的室内装饰成熟中也不失可爱，没有丝毫的不协调。

①在电视机的左右两侧安装了推拉门，里面收纳着客厅的小物件，推拉门采用与厨房相同的落叶松材料。孩子的玩具放在篮子里。

②通透式天花板充满放松感，窗户的布局也很用心，能够欣赏到邻居家庭院中的绿植。

③玄关门厅的地面铺设的是"丸鹿窑业"的石膏石，成熟的质感很有魅力。与左手边的单间之间有一扇老式室内窗。

④夫妻两人觉得"地下会令人更放松，能够好好休息，适合作为卧室"。说是地下，其实只不过是向下挖出的房基通风井，因此采光和通风都很好。

在沿北侧倾斜的天花板上安装有顶灯，形成了一个能够眺望夜空的休闲空间。窗外的阳台上摆放有盆栽，躺在浴缸里时，刚好能够看到绿植。

2F
楼梯井　阳台
阳台　洗手间　浴室
洗

1F
冰箱
阳台
LDK21.8
DN　UP　工作空间

B1F
卧室6.6　W·I·C 3　预备室4.5　房基通风井
房基通风井
书房2.4　UP　玄关
收纳

①选择了带淋浴房的设计，浴室、卫生间、洗手台成一线，类似酒店。
②卫生间面向阳台一侧，光线充足，手盆和水龙头来自"Sanwacompany"。整面墙的镜子也让人有置身酒店的感觉。
③卫生间后是杂物室，在这里洗衣、熨烫；正面是晾晒衣物的阳台。也会使用安装在卫生间里的室内晾衣杆晾衣服。

Style14

①厨房的开放式架子上摆放着各类工具，柜子和架子的木制部分由DIY喷涂完成。

②③LDK有16.5叠大小，非常宽敞。地面采用考究的镶木地板，沙发购自"Sonechika"，餐桌购自"Gallup"。

Profile

视频编辑田吹先生和在服装行业PR公司工作的一惠女士，二人非常喜欢室内装饰，决定"如果有了属于自己的房子，一定要翻修成自己喜欢的风格"。

两人在这间房子里生活后喜欢上了植物和咖啡，使用"CHEMEX"水具冲泡咖啡，一同享受美好的时光。

Style 15

与朋友一同分享
让LDK有手工打造带来的粗犷感
更具品位

田吹先生 ●夫妇 ◆公寓、翻修
使用面积总和 **62.29**㎡

　　田吹夫妇在结婚时购买了这间二手公寓，并进行了翻修。他们委托"SUMA-SAGA 不动产"，完成了从选择房子到设计、施工的全部流程。

　　两人制作了一个"喜欢的设计与空间构思的剪贴簿"，经过反复讨论，设计者发现夫妻俩对 LDK 和玄关、洗漱间的风格有明确的要求，而卧室和未确定用途的房间只要差不多就可以了。

他们觉得"LDK 是待得最长的地方，而且朋友也经常来家里，所以希望把 LDK 好好装修一下（笑）"，很注重墙面和地面的素材。另外，木质部分和地面是 DIY 喷涂完成的。"叫上几个朋友，举行了墙壁粉刷大会"，不完美的粗糙感正合心意！室内装饰就这样完成了。

❸

书房目前还是稍显"空旷"，暂时保持现状。重新铺设了地面，安装了室内窗，用来采光和通风。

❶

❷

①玄关地面贴了瓷砖，而不是混凝土地面，实现了一直想要的"与室外连接的感觉"。

②洗手台的木质部分也是DIY喷涂的。瓷砖很有手工艺品感，与厨房一样，采用的也是意大利产的矩形瓷砖。墙面上保留了原有的收纳架。

③将原本收纳空间充裕的房间作为卧室，"前任房主保持得很干净，所以基本都保留下来"。

④放洗衣机的位置比较宽敞，在一整面墙上使用画框和柳安材料制作了可动式架子，形成兼作杂物室和储藏室的空间。

Style15

Style 16

在与"用餐露台"相连的
宽敞空间举办家庭聚会!

加藤先生 ●夫妇+2个孩子 ◆独栋

建筑面积 **53.96**㎡（使用面积总和101.58㎡）

    加藤一家很喜欢在之前公寓的屋顶阳台上烧烤，所以在建造自己的房子时，也考虑一定要有户外空间。接受委托进行设计建造的是"Noanoa空间工房"的大塚泰子女士，"因建蔽率的关系而将露台设计在1层。地形上东西方向较长，而南侧十分靠近邻居家，为了建造得更开放，确定了若干个方案"。

    最终方案是用高围墙将设计在南侧的露台围起来，遮挡视线；利用大扇落地窗使露台与LD相连接，让人感觉不到房间的"细长"；露台铺设耐用的瓷砖；从后面间壁的部分省去了墙壁和门扇，设备机器由施工方提供…… 等等，调整了成本。"从房间眺望露台，心情真的很舒畅"，加藤太太说。举办20多人的Party也没问题，也可以躺在折叠躺椅上仰望流云。为了打造出自己满意的房子，两人一直在努力，现在终于如愿以偿，可以在自己的家里悠闲自在地享受美好的时光。

②

③

Profile 加藤夫妇、读小学四年级的儿子和读一年级的女儿,是一个幸福的四口之家。之前居住的公寓有些狭小,因此决定建造自己的房子。"我们家隔断很少,是很好的游乐场,孩子的朋友也很喜欢来玩(笑)"。

①充满阳光、清风和绿色的下午茶时间。种的四照花成了房子的标志树。
②楼梯下有一半的收纳空间可在露台一侧使用,椅子和工具类采用抽拉式,有很多客人来烧烤时十分方便。
③窗户全开的话可以容纳很多人。

露台的桌子是伸缩式,可以把孩子和大人分开,孩子在外面,大人在屋里。
④地板是无垢椿木材质,还安装了地热。天花板上安装了"BOSE"的喇叭,充满咖啡店的氛围。

④

①吧台比较平坦,有人从餐厅旁边过来帮忙时很方便。

②休息台的窗户一直延伸到天花板,在采光的同时,还可以在此欣赏露台的绿植和月亮。

③卫生间也是一体式,十分宽敞,玻璃隔断进一步增加了开放感。浴室地面采用不会令人发冷的"LIXIL"的"热瓷砖"。

④眼前的榻榻米现在是兄妹二人的学习区,计划今后在这里与玄关之间设置隔断。

⑤

⑥

Style16

⑤设计窗户时考虑到未来会进行间壁。而现在的布局中，卫生间在房间内，这在孩子小的时候比较方便。
⑥工作间是一定要有的，把工作间设置在正对楼梯井的楼梯上，男主人在使用电脑时也能够照顾到家人。1楼的墙壁采用喷涂，而2楼则采用价格低廉的壁纸，以控制成本。

W·I·C
约2.5

卧室约
4.5

工作间

楼梯井

楼梯井

DN

儿童房约
13.5

阳台

2F

K约4

冰箱

LD约14

客厅
约5.5

玄关

壁柜

UP

洗衣机

卫生间

浴室

停车场

露台

外部收纳

1F

77

Style 17

被自己喜爱的物品包围，
自然随性地生活

表先生 ●夫妇+1个孩子 ◆公寓、翻修
使用面积总和 **62.70**㎡

表先生家有一整面墙都是书架，上面密密麻麻地摆满了藏书。地面铺着无垢材地板，孩子可以光着脚在上面自由自在地跑来跑去。之前租住在附近的公寓，有了孩子之后，夫妻俩决定买属于自己的房子，于是买了这个二手公寓并进行了翻修。

①站在厨房看着餐厅。窗外有很多大树，站在厨房里透过窗户往外看，可以感受到四季变迁。

②表先生"不想把书房和书库设在封闭的空间内"，因此把之前日式房间的壁柜变成可以操作电脑的书房一角。

③改变厨房的朝向，使人在做饭时也能够看到客厅、餐厅里的家人。

Profile

夫妻二人和儿子共同生活的三口之家。休息日会在附近的公园游玩，逛一逛旧工具商店，招待妈妈朋友们来家里吃吃饭。

LD约有15叠大小，天花板很高，所以在书架上部安装了挡板防止掉落。皮沙发为"广松木工"的"FREX沙发"。

　　"我们俩都喜欢旧工具和木材的质感，并不想摆放太多东西。继续使用过去的架子和篮子，新添置的家具也是以前就喜欢的。把这些东西摆进新家，感觉之前家里的氛围也得以延续，孩子在搬家之后没有出现任何不适应"——这样布置会给人一种熟悉的感觉，营造出一种令人放松的氛围。

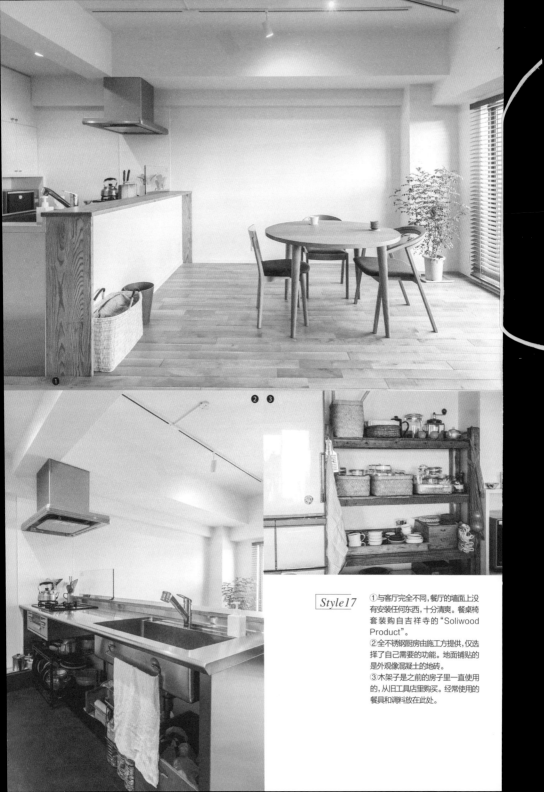

❶

❷ ❸

Style17

①与客厅完全不同，餐厅的墙面上没有安装任何东西，十分清爽。餐桌椅套装购自吉祥寺的"Soliwood Product"。

②全不锈钢厨房由施工方提供，仅选择了自己需要的功能。地面铺贴的是外观像混凝土的地砖。

③木架子是之前的房子里一直使用的，从旧工具店里购买。经常使用的餐具和调料放在此处。

玄关与卧室相对，采用混凝土地面，为了便于采光而安装了室内窗。相比面向有人走动的外部，这样的设计更让人安心，让人放松。

④

⑤

⑥

④⑤拆掉了玄关的鞋柜和墙壁，把隔壁房间的一部分改成了混凝土地面用于收纳，使用便于收纳的开放式架子收纳鞋，婴儿车和三轮车也能放得下。上方左侧窗户是朝向外走廊的窗户，右侧是室内窗。玄关的照明采用兵库一家工作室"枯白"的灯具。
⑥洗漱间尽量设计得简单。为了便于打扫，把水龙头安装在墙壁上，水槽选用了"TOTO"的试验用水槽。

拆掉了日式房间的推拉门，改造成与LD相连的工作间。选用"无印良品"的开放式架子减少压迫感，起到了很好的调节作用。客厅的大沙发很受爸爸和小柚杏喜欢。

Style 18
把房子想象成自己
可以培养的简单箱子

杉浦先生　●夫妇+1个孩子　◆公寓、翻修
使用面积总和 **76.80**㎡

①客厅中无垢杉木材的地板和硅藻土墙面，搭配自然风的家具，非常和谐。墙壁很有味道，是用旧材料制作。
② 工作区的感觉，"怎么说呢，好像是客厅的一部分"，杉浦先生说。
③日式房间需要上一小步台阶，"因为可以坐下，所以留点高度差反而更好。

　　无垢材地板搭配硅藻泥墙壁，开放的吧台厨房搭配漂亮的洗漱间……杉浦先生对房龄27 年的公寓进行了翻修。竟然仅花费了大约 230 万日元！

　　成本控制的关键在于灵活运用能够使用的设备。整体厨房保留原样继续使用，用重新制作的吧台遮挡，焕然新生，成为漂亮的吧台厨房。其他设备也"换成更喜欢的"，更换洗脸池后，过去的浴室和卫生间也旧貌换新颜。无垢材地板也是自己刷漆降低成本。还有工作间，是需要上一小步台阶的日式房间，保留其高低差以节省费用，花了不少心思。

　　杉浦先生说，"我和妻子都喜欢自己动手做东西，所以没有一开始就完成所有的工作，而是希望自己亲手出一份力，在生活中慢慢完成"。自己亲手慢慢完成的架子和挂钩为自然的空间提升了品位。

Profile
WEB设计师杉浦先生和喜欢手工
艺品的奈奈子女士和遗传了父母基
因非常喜欢画画的小柚杏（5岁）组
成的三口之家。

83

①LDK的一角摆放着小柚杏的迷你厨房。墙面上的搁板是DIY作品，稍稍进行了做旧加工，使其有旧材料的质感。

②保留了之前的设备，去掉了门扇后焕然一新，充满着怀旧的氛围。和饭店厨房一样的4口炉灶不仅方便使用，而且十分漂亮。

③自己制作的吧台内侧有着宽敞的收纳空间，小物件能收在里面，因此从LD看过去厨房十分清爽。

④卫生间的设备也保留下来，地面和墙壁进行了重整，地面贴了类似石头的地砖，并且安装了有品位的架子。

在墙上制作了吧台，打造了漂亮的吧台厨房。墙壁有配电盘不能破坏，采用收纳架子遮挡。

❻

❼

⑤医用水槽安装在墙上,这样的洗手台美观而且成本低廉。镜子购于"宜家",是自己动手安装的。

⑥洗手台的架子也购于"宜家"。这面墙进行了DIY,为了安装架子提前加固了底子,用使用方便的开放式架子进行"展示收纳"。

⑦从玄关到走廊没有采用无垢材地板材质,而是采用静音无尘地板降低成本,改造了以前使用过的家具,用来收纳防灾用品。

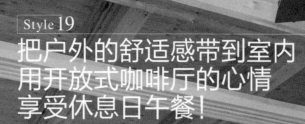

Style 19

把户外的舒适感带到室内
用开放式咖啡厅的心情
享受休息日午餐！

永田先生　●夫妇+2个孩子　◆独栋
建筑面积 **48.85** ㎡（使用面积总和81.14㎡）

Profile

夫妻俩和7岁的子音、4岁的羽音组
成的四口之家。这是一个夏季喜欢
海上运动、冬季喜欢单板滑雪和户外
娱乐的大家庭。

U字形吧台厨房并没有安装吊柜和
翼墙，重心集中在较低的位置，非常
利落。坐感舒适的榻榻米板凳是
"Tsuramado之家"的原创产品。

①连接LDK与户外（混凝土地面＆露台）的是4扇拉门，其中有3扇是可以隐藏的，全部打开的时候空间可以变得宽敞许多。
②洗漱区设在LDK靠近浴室＆卫生间的一侧，没有安装门，空间很开放，不会藏纳湿气，所以总是很干净。
③LDK的另一头是混凝土地面，摆放着桌子，是孩子们学习的地方。LDK与露台连接的部分采用折叠门，春秋户外很舒适，会把门全部打开。

　　永田家的 LDK 有一块宽敞的混凝土地面，兼作玄关的同时，还直接连接着露台，给人的感觉格外开放。透过全开的大窗，阳光和风进入室内，这里便是家人生活的中心。

　　实际上永田家的房子位于被住宅包围的一小块土地，使永田家"虽位于住宅密集地却能够充尽情享受阳光和风"的关键正是围墙和露台，使用围墙把房子围起来遮挡视线，使得大开口（窗户）成为可能；而得益于宽敞的露台，室内获得了充足的光照和通风。另一个关键是位于 LDK 与露台之间的混凝土地面空间，"LDK 到露台之间可以完全打开，因此可以享受仿佛置身户外的感觉！"

　　更为考究的是带景观的浴室，"洗澡时感觉仿佛置身度假胜地（笑）。无论在哪里都能够感受到阳光和清风，非常舒适，我对这间房子非常满意"。

①阁楼地面采用格子形的钢格板,阳光和风透过大大的窗户来到1楼。
②卧室对着邻居家,所以没有采用大窗户,而是在明亮的阁楼侧面做了一扇磨砂玻璃的推拉门,用以采光。
③与淋浴间(连廊)相连的法式窗全部打开后,即可享受露天沐浴! 正是得益于围墙的包围才实现了开放感。

儿童房尽可能不设隔断,注重采光和通风。"打算孩子长大以后使用一些间壁家具隔开"。

④

Style19

2F

卧室
8

自由房间3

儿童房间
7

楼梯井

阳台

1F

冷

LDK 14

混凝土地面玄关

洗

浴室

露台

连廊

⑥

⑤

④如果围墙距离房子太近会使光线无法照进室内，因此露台的面积要足够大。从厨房也能看到露台的情况，让人很安心。

⑤使混凝土地面和露台的地面高度保持一致，内外浑然一体，围墙看起来好像室内墙壁一般，使人产生露台也是房间一部分的错觉。

⑥画框楼梯没有安装踏板，因此不会遮挡光线和风，螺旋形状为空间带来设计感，而且节省了空间。

89

LIFE
with
GREEN

与绿植一同生活

与海外的室内装饰一样，注意考虑对
称性，采用不占地方的吊饰进行装饰。
植物选择了叶子轻盈的若绿（床头右
侧）等植物。

BEDROOM

在没有多余空间的卧室
采用吊饰装饰！

通过与画框配合，
可以像享受艺术一样
享受绿植

将绿植悬吊起来，使人如同被绿
植包围，用画框配合使存在感大
幅提升。使用镜子还会增加映
射效果，使整体氛围更漂亮。

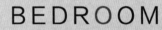

GREEN
DECORATE
IDEA
03

活动雕像×椰果
摇动着的展示

在活动雕像型的烛台上摆放海鞘的椰果，用铁丝固定，也可以在带夹子的活动雕像上夹一些空气凤梨。

ENTRANCE

楼梯处看到的风景

也要考虑到

盆栽春芋和伸展到玻璃窗的山茶花枝叶为室内带来了户外的氛围。

家中到处都是"游戏"!
凝聚了家人喜好的房子

Y女士 ●夫妇+2个孩子 ◆独栋
建筑面积38.49㎡〈使用面积总和107.36㎡〉

❶

Y女士说:"我比较喜欢类似欧洲公寓的'窄高'感觉",因此虽然土地很小还是拿出全部热情制订了计划。1楼是宽敞的混凝土地面,2楼是DK和儿童房,3楼设计了两个楼梯,有家庭客厅和自由房间。为了实现自己期望的格局,控制成本,很是下了一番苦功。例如客厅和DK的地面采用无垢松木材,而儿童房和自由房间则采用木纹地砖。"既耐用又容易打扫,所以孩子们弄脏了也没关系"。房间门和收纳的柜门尺寸控制到最小,还有开口采用拱门、在开放的收纳空间内贴上可爱的壁纸等设计。

92

阳光照射到磨光处理的墙壁上，有种沉稳而明亮的感觉。L形的开放式厨房让孩子们也能够轻松地帮忙做料理。

❸

❷

❹

①地面采用了常见的陶质瓷砖，厨房墙面贴的是颇有韵味的进口瓷砖。
②在餐厅里看不到的位置设计了架子，收纳家电和储藏品。右侧的自制架子较深，可以放很多餐具。
③DK的入口处采用拱门设计，没有安装门扇。餐厅旁边是儿童房，房门喷涂了孩子喜欢的颜色。地面采用宽幅的松木材，喷涂胡桃色的天然涂料。
④楼梯采用铁制扶手和松木材踏板，精心喷涂后形成一幅美丽的图画。

Style20

①书架设在楼梯旁边，"在2楼读完书后不必上到3楼也能够放回去，非常方便"，坐在楼梯上读书的感觉也很享受。
②在自由房间内，孩子们可以读书、画画，或者是玩粘土。"地面是地砖，所以粘土粘在地上也可以轻松擦掉"。
③客厅与自由房间相对，楼梯井与DK浑然一体，由于没有安装房门，所以可以轻松照顾到外面。
④儿童房的衣柜没有安装推拉门，高度也比较低，因此孩子们也可以很轻松地取放衣物。衣柜里装饰着点状的壁纸，非常可爱。
⑤哥哥的房间内有攀岩的扶手，来家里玩的小伙伴们非常喜欢。

　　Y女士家中最吸引人眼球的要数安装在楼梯井的两个楼梯，将客厅和DK的空间一分为二，而且整体连接得平缓自然，还能够照顾到家人的一举一动。伸出的圆形休息台很受孩子们的喜爱——"像城堡一样"，孩子的朋友们也很喜欢。

　　兄妹俩的房间都设计了能够露出脸的小窗，还安装了攀岩的扶手，使家中到处都是"游戏"！即使无法到户外玩耍，待在家中也不会感到无聊。

　　"非常享受在这所房子里的生活，所以家里人都不怎么看电视了"，Y女士说道。一家人在这温暖的小家中度过的时光非常美满。

儿童房有四叠大小,立体地运用了空间,伸出的部分是卧室的床。还为关系很好的兄妹二人在墙上设计了一扇小窗。

❹

❺

①"客厅设在了3楼，可以不必顾忌客人充分放松"，Y女士说。地面是松木材，墙面是灰泥风格的壁纸。

②卧室装饰着夫妇二人喜欢的帽子，同时兼顾收纳。墙面的马赛克瓷砖是国产品，其中一面选取了有图案的，其他墙面则均采用漂亮的彩色。

③卫生间的墙壁"我们想贴大花纹的壁纸，在网上搜索了一番"，最终在进口壁纸的网上商店"WALPA"中找到了想要的壁纸。

④吧台一体型的手盆来自"Cera Trading"，瓷砖、灯具、镜子等也都精心挑选，最终打造成漂亮的空间。

⑤混凝土地面区的一角作为钢琴教室，不用换鞋，所以学生们也很方便，还能与家人保持一定的距离感。

宽敞的混凝土地面区还是孩子们
的游乐场,也可以进行简单的待客,
随着孩子们长大,这里的作用会越
来越多。

Style20

3F

L 7

W·I·C

楼梯井

DN

DN

自由房间
6.5

DN

2F

K 3.5

冷

D 7

DN

UP

儿童房
4

儿童房
4

1F

停车场

玄关

混凝土地面空间
5.7

洗

洗漱间

UP

浴室

卧室
5.2

W·I·C

N

顶层的工作室和能够仰望星空的楼梯，
家中充满玩乐心

辻先生 ●夫妇+1个孩子 ◆ 独栋

建筑面积 **62.64**㎡（使用面积总和113.40㎡）

①绝佳的视野可以说是当时夫妻俩购买这块地的决定因素，为了享受这绝佳视野，在计划阶段便排除了窗帘的选项，也没有安装窗帘轨道。
②空调安装在百叶窗里面，隐藏得非常自然。
③客厅最里边是男主人的书和孩子的玩具，"爸爸和儿子的秘密之家"空间。玩具收纳在"宜家"的儿童厨房里。
④厨房的周围安装了围挡，挡住小物件。运用了一些技巧，不让整体厨房看起来是成品。

Profile

男主人喜欢漂亮的眼镜，女主人喜欢Marimekko，她和儿子的衣服也是Marimekko的。"最近开始制作小物件，计划以 'onnelinen' 的品牌在网上销售"。

设计施工方提供的Marimekko壁纸是主角，沙发订购自"THE BROWN STONE"。为了凸显喜欢的吊灯，其他照明灯具选择了吸顶灯。

　　辻先生家的房子居住舒适，充满玩心。这不禁让人产生疑问，他们真的是第一次盖房子吗？他们委托建筑设计事务所 Freedom 进行设计，从寻找土地开始，逐渐形成了运用绝佳视野的独特计划。

　　"这所房子有很多我们喜欢的点。比如 Marimekko 的壁纸和工作室楼梯兼作业台等，但是最中意的还是框架楼梯，这也是我们家最吸引人眼球的地方"。确实如女主人所说，我们到访辻先生家之后最先注意到的就是铺设玻璃的楼梯。

　　客厅是生活的中心，充分发挥绝佳视野的优势也是一大亮点，硕大的窗户外是奢侈的景色——"我们委托事务所进行了精心设计，使夏天阳光不会直射室内，而冬天会有温暖的阳光照进来，因此不需要安装窗帘也很舒适"。像充满活力的辻先生一家一样，他们的房子也十分的明亮。

"希望有一天能在这里开一间时装教室"，女主人说。墙面上装饰着Marimekko的织物，窗外是晾晒衣物的阳台。

①

❸

❷

①用拍卖会上拍到的旧柜子放裁缝工具和布，非常合适。以白色为基础的工作室也装点着绿色。
②窗户的位置也费了一番心思，以保证将来能够间隔成2个房间。地面采用成品地板，降低了成本，室内装饰全部为白色，使房间看起来比实际更大。
③漂亮的单色壁纸来自Marimekko，不是所有墙面都贴，只贴了一面墙，看起来很美观，和朴素的裸露灯泡风格一致，相得益彰。

Style21

④混凝土地面部分做得比较宽敞，可以用于多种用途。鞋子收纳在看不到的收纳架上。

⑤⑥玻璃楼梯，"我们特别想要这样一个楼梯"，楼梯平台也是玻璃的，所以阳光可以从天窗直射到1楼，也可以从1楼仰望星空。

⑦装饰着Marimekko的织物，看起来像挂毯一样。左侧推拉门的里面是步入式衣柜。

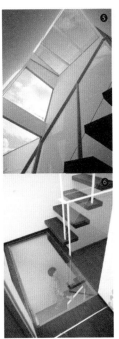

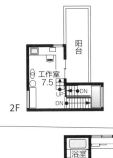

2F

工作室
7.5
UP DN
DN
阳台

1F

停车场

浴室
洗漱间
洗
收纳
玄关
UP
DN
UP
楼梯井
LDK 15
阳台
冷

B1F

卧室 6
W·I·C
3
儿童房
9
UP

轻松做家务的同时还能
与家人交流感情
复古与自然之家

N先生 ●夫妇+2个孩子 ◆独栋

建筑面积 **53.82**㎡（使用面积总和105.99㎡）

地面是无垢橡木材，喷涂白色漆；厨房隔断采用玻璃材质，非常漂亮；家具是从新房承建方"COM-HAUS"所经营的商店"nid"购买的。

Profile
一对夫妇和两个孩子的四口之家,夫妇二人都有自己的工作,还要带孩子,每天都很忙碌。新房建好后,"休息日逛家居店的节奏也加快了"。

①榻榻米区便是游戏室,为了消除与客厅的违和感,采用没有封边的榻榻米。
②与客厅相邻的榻榻米区和电脑间之间仅做了隔板,降低了成本、提升了开放感。
③为了防止1楼的声音传到2楼的卧室,在楼梯间的动线上安装了房门(中央),用来隔音。
④⑤位于客厅一角的这一区域之所以这样设计,是因为当时希望既可以挡住进行电脑操作时的动作,同时视线不受影响,可以观察到孩子们的一举一动。

　　N 先生的房子就像是一间咖啡店。大约 2 年前,N 先生一家住在附近的公寓,之后参加了县内开发的低价分让地抽签,成功抽中。"什么时候我们也要盖一栋属于自己的房子……",这一理想立刻变成了现实,两人开始用有限的资金和时间建造自己的房子。

　　N 先生理想中的房子是既不过于可爱也不过于耍酷的"复古自然之家"。由于夫妇二人都要工作,因此希望自己的房子做家务时的效率要高,而且能够和家人交流感情,同时还要有宽敞的LDK 和书房。

注:分让地为分成小块出售的土地。

①厨房实现了"虽没有完全封闭但仍可把物品全部收纳起来的感觉"。
②高出一段的地板与粘贴的六角形马赛克瓷砖营造出复古的氛围。
③考虑到孩子在回家之后要能够立即洗手,精心设计了动线,把洗手台放在卫生间外面,用女主人挑选的杂货装点得很可爱。

用窗户和墙壁瓷砖让周围空间更明亮,3层抽屉的表面材料采用橡木材,台面的瓷砖选择了浅蓝色——定制厨房颇费了一番心思装饰。

　　N 先生在建造房子时,喜好和成本的平衡是一大课题,要决定好优先顺序,确定最需要用钱的部分。例如,2 楼的洗漱间和卫生间、收纳门选用了简单的成品来降低成本,而露在外面的房门和厨房则是定制,优先考虑完成后的效果。位于餐厅与厨房之间的玻璃隔断在整间房子中是比较有个性的,其实是为了降低木板的涂装费用而选择的方案。同时,厨房还将"想要把物品收纳起来""希望做家务时也可以和家人交流感情""希望在面前有一扇窗"这些要求全部实现了。

Style22

④为了降低成本，2楼的地面采用价格相对低廉的无垢橡木材，儿童房的部分墙面则贴了条纹壁纸。

⑤与外面门廊相连的砖瓦地面，玄关充满温馨的感觉，"回到家之后非常放松"。

⑥用"TOTO"的实验用水槽、马赛克瓷砖以及与厨房风格统一的"药箱风格抽屉"装点的复古＆自然风洗手台。

⑥

2F

- 洗
- 洗漱间
- 浴室
- DN
- UP
- 儿童房 5.7
- 儿童房 4.5
- 卧室 6.5
- 阳台
- N

1F

- 停车场
- 停车场
- 玄关
- UP
- 冷
- LDK 17.5
- 连廊
- 榻榻米区 3.5
- 电脑区

105

承载家人回忆的LDK
DIY打造，
饱含着家人的眷恋

N先生　●夫妇+2个孩子　◆独栋

建筑面积 **38.71**㎡（使用面积总和68.67㎡）

"房间可以小一些，但是LDK一定要宽敞，房子就是让家人能够得到放松的地方"。为了可以在预算范围内实现这个愿望，把1楼设计成一室，自玄关开始便没有进行间壁，削减了墙壁和门的材料费、人工费。每个角落都有变化，客厅有楼梯井，榻榻米间安装了吊床，厨房有吧台，这一切设计使全家都能够在自己喜欢的角落得到放松和享受。

①客厅外面是露台,因为有高围墙把露台围了起来,没有窗帘也不会影响生活。

②在设计阶段并没有考虑安装吊床,但是孩子想要,于是在网上搜索购买了。由于选择的是房梁外露的方案,因此容易安装。

③在英国时就使用带IH加热器的吧台,十分方便,所以也在新家里安装了。卤素灯是在网上购买的,价格低廉。榻榻米下方设计成了收纳空间。

Profile

男主人是公务员,与女主人、读初一的长女、小学一年级的儿子组成了四口之家。家人一同参加涂料厂商主办的学习会,学会了涂料的粉刷方法,自己粉刷了墙壁。

打开玄关后便是没有隔断的宽敞空间,设置了榻榻米间,天花板有高低差,这些都是降低成本的关键。

一家人在英国生活过3年,当时那边房子的墙壁是彩色的。想通过自己的双手让回忆重现,于是在各自的房间内选择1面墙,DIY成鲜艳的颜色。涂料涂上去之后会出现刷毛的斑点,能看出来是外行涂的,但反而增加了韵味。虽然控制了成本,居住起来却很舒适惬意,让人眷恋。

Style23

①如果吧台下面设计成抽屉，会增加不少成本，因此采用了很多弹簧门。在英国使用的嵌入式洗衣机也是必备品。

②由于没有隔断，因此浴室和卫生间有了酒店般的放松感，浴巾加热器也是家人很想要的，所以也安装了。

③楼梯里侧的架子的高度和1楼一样，没有做到2楼，降低了成本；没有购买成品，而是采用简单的结构，由木工打造，成本更低廉。

④从走廊到儿童房没有安装房门，家人间可以随时交流感情。

⑤长子房间的颜色是橙色。所有房间均采用了能够像黑板一样用粉笔写字画画的涂料。

⑥儿童房的中央制作了一个书架,可以把姐弟俩的空间隔开,将来也可以装上房门。女儿房间的1面墙涂成了粉色。

⑦卧室墙壁涂成了象征苏格兰的蓟和石南花的颜色。面向楼梯井设计了一扇室内窗,可以与楼下的家人交流,也是室内装饰的一个亮点。房门关上之后也可以通风,非常有用。

LOFT

2F

1F

Profile
丈夫在不动产公司工作，妻子在学校
工作，和1岁6个月的小裕组成了一
个三口之家。
"带孩子的同时在自己家开一间咖
啡厅是我的梦想！"

❶

Style 24

想开一间"家庭咖啡厅"！
定位于未来梦想的
欢乐之家

上田先生 ●夫妇+1个孩子 ◆独栋

建筑面积 **59.62**㎡(使用面积总和97.71㎡)

❷

　　一到休息日，朋友们都会不自觉地来到上田家作客。大家会聚集到这所房子的中心——大厨房里，一起做料理，围坐在吧台兼餐桌前，热热闹闹地一起吃饭，这已然成为休息日的固定节目。

　　采访当天，女主人的妹妹和丈夫带着孩子来作客，"我们的孩子也非常喜欢这里，基本每周末都会来玩（笑）。女主人也说："大家孩子都很小，在一起玩得很开心！"，她很享受这种大家欢聚一堂的生活方式。

　　上田夫妇的梦想是将来在自己家里开一间咖啡厅。想象着未来的"家庭咖啡厅"的样子，于是将一楼设计成以开放厨房为中心的大LDK，除玄关之外，还设计了能够从连廊进出的"咖啡厅用入口"和客用洗手间及洗手台，已经为将来的"家庭咖啡厅"做好了准备。来家里玩的朋友也都对其赞不绝口，"不会感到拘束，让人很放松"。

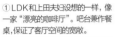

①LDK和上田夫妇设想的一样，像一家"漂亮的咖啡厅"。吧台兼作餐桌，保证了客厅空间的宽敞。
②摆放着色彩鲜艳的椅子，很像咖啡厅！"厨房设计为环岛式，可以从两侧进出，大家进出非常轻松"。
③厨房的一整面墙都安装了架子，在便于取放的位置收纳了一些餐具。

④厨房一角是工作区，"在做料理的同时还可以完成电脑工作，十分方便"。
⑤吧台下方采用了开放式，以便将来开咖啡厅时能够放下商用冰箱。"现在放的是无印良品的收纳箱，用Marimekko的布遮挡。厨房的地面比LD低15cm左右，这是为了能够与坐在餐厅的人保持视线相平"。

充足的阳光和风穿过大大的窗户，用于加固的钢筋增加了设计的韵味。春夏季节会把桌子抬到围墙围起的连廊上，惬意地享受下午茶。

①卧室非常清爽简洁。为了能够遮挡外面视线并采光，在内侧设计了采光天井（阳台），使光线能够照进各个房间。另外在一面墙上做了到顶衣柜。
②LDK的旁边设置了客用卫生间和洗手台，这是为未来的"家庭咖啡厅"而设计的。
③卫生间设在二楼，从采光天井透过的风使这里不会藏纳湿气，利用木材营造出自然的氛围。
④在二楼的楼梯厅设计了家人用的客厅。包括这里在内，家里所有的墙壁都是DIY涂刷熟灰浆。

⑤家人用的玄关设置在停车场的延长线上，方便从车上取放东西，连廊一侧的入口使用大理石的白色墙壁间壁。
⑥为了将来开咖啡厅而设置了客用玄关，由于其位于环绕LDK的连廊延长线上，因此无论来多少客人，也不必担心没有地方摆放鞋子。
⑦在玄关门厅处安装了螺旋楼梯，在节省空间的同时，还可以满足采光通风的需求。

Style24

家人用客厅 7.5

DN

浴室

洗

卧室 8

阳台

儿童房 7.5

2F

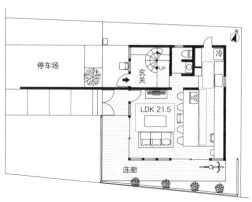

停车场

冷

玄关

UP

LDK 21.5

连廊

1F

Profile
儿子阳大（7岁）、迷你腊肠犬布丁，
黑猫小麦。在以前租房的区域购买
了一套二手房，在居住中进行着翻新。

可以欣赏着绿色、沐浴着晨光吃早餐
的餐厅是家人一直以来的憧憬。为
了防止道路上的电线影响美观，用凉
亭自然地遮挡。

Style 25

能让家人、动物和植物
和谐幸福生活的
市中心的自然之家

内田先生　●夫妇+1个孩子+狗+猫　◆独栋

建筑面积 **41.93** ㎡（使用面积总和81.35㎡）

①岛式吧台贴着白色瓷砖,给人以沉稳成熟的感觉。

②得益于与阳台浑然一体的结构及铺设大理石的地面,实现了印象中"户外风"的厨房。

③种植着成排的传统蔷薇、英国蔷薇及做料理时使用的香草。DIY铺设的地面木质瓷砖来自"宜家"。

④二楼是一室,没有隔断,可以一眼望到阳台,看起来比实际更宽敞。餐厅上方是阁楼。

内田先生的家从外部到阳台满眼绿色,虽然房子位于市中心,却使人仿佛置身观光地,非常清爽舒服。"一家三口带上狗和猫,还有很多盆栽一同搬到了这里",女主人笑着说。在生活中努力让大自然很自然地融入进来,"最重要的是让餐厅与厨房变成'户外风'的空间。之前房子的厨房光线很暗,而且比较封闭,所以希望新房子的厨房明亮开放,让人舒服惬意"。采用把餐厅与厨房和阳台连成一体并完全采用窗户替代墙壁的做法,实现了这一愿望。觉得精心培育的绿植也和自己越来越亲密。

在同一层还设计了具有宽敞倾斜天花板的客厅,墙壁涂料采用白色,木材部分也喷涂成了白色,因此显得明亮而宽敞。因为面积小,所以更加精心设计,终于打造出让人眷恋的房子。

①LD梯子的上方是放满了玩具的游戏区。厨房一侧是开放式的，不仅能够听到外面的声音，也可以照顾到孩子。

②小阳大的房间。现在他会在餐厅做作业，浅蓝色墙面采用了可在硅藻土上喷涂的涂料。

③天花板的倾斜是由于斜线限制造成的，却意外地给人以闲适自在的感觉，无垢松木材的地面和硅藻土的墙面让人感到惬意舒适。

④洗手台也注重素材，例如地砖＋不锈钢挂杆。手盆和水龙头是施工方提供的"Cera Trading"的产品。

⑤利用楼梯下的空间设计了卫生间，右侧的空当是爱猫的卫生间，还设置了专用的出入口。墙壁是DIY完成的。

⑥这个空间摆满女主人喜欢的物品，颇有工作室的风格，为了可以随意摆放园艺用品，地面采用了旧材料和地砖。

⑦玄关是一个很自由的空间，让人很享受。水泥瓷砖据说是欧洲古城堡使用的"old Chambord"。

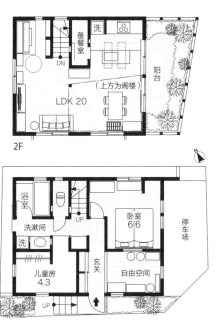

2F

1F

LIFE
with
GREEN

与绿植一同生活

浴室的窗户上安装着古典围栏，上面悬挂着柳叶铁皇冠的苔玉和合囊蕨等植物。

在空间有限的洗漱间里，悬挂着虽小但很有存在感的多肉植物盆栽和喜水的蕨类。

GREEN
DECORATE
IDEA
05

利用旧材料 × 空气凤梨
完成墙面装饰
空气凤梨与旧材料的质感非常协调，不需要土，因此很适合作为装饰的素材，用图钉固定在墙壁上。

SANITARY

根据环境、尺寸、质感
选择与材料和地点适合的植物

TERRACE

露台就要有植物！
舒适的户外客厅

采用与植物非常搭配的红色座垫及很有设计感的椅子装饰，注重花盆与枝叶的形状，挑选每个植物时都要有一个主题。"为了在室内也能享受到养植物的乐趣，拆下了园艺桌的桌腿，改造成了炕桌。"降低高度能让人觉得更放松。

WORK SPACE

与风格粗犷的工具
完美搭配

涂料和蜡罐摆放在一起。"架子的位置较高，因此摆放了不太需要浇水的芦荟"。

"工具以红色为主色调，所以植物的盆也采用与红色相配的颜色"，这是颜色和谐搭配的关键。

Style 26

阳光和风
在家中穿过，
让家人闲适生活的
房子

东光先生 ●夫妇+3个孩子 ◆独栋
建筑面积 **64.59**㎡（使用面积总和108.77㎡）

阳光和风从位于楼梯井二楼的窗户进入房间，东光先生家的客厅极其舒适。"一直想要一间一室的大房子"，按照这个想法，一楼和二楼都尽量不设置隔断，楼梯井的大窗户为整所房子带来充足的阳光和风。为了打造出这一闲适、开放的大空间所选择的建造方法是 SE 结构法（强韧的木材和金属零件组成画框，通过缜密的结构结算，实现大空间）。

①在二楼设置了开关窗户用的小平台。冬天可以在这里晒太阳，夏天可以打开窗户吹风纳凉。"雨天和冬天可以在室内晾晒衣物！"
②客厅的风格很适合"TRUCK"的家具。"我喜欢粗犷的风格，很期待地面的混凝土随着时间的推移发生变化"。

Profile

夫妇二人住在之前的房子里时曾经做过DIY翻修，之后便喜欢上了室内装饰。与小真央（9岁）、小莉子（7岁）和小阳菜（4岁）组成了一个五口之家。

SE结构法带来了大空间与大开口，阳光和风能够到达家中的每个角落；混凝土地面的高度与露台一致，直接相连，增加了开放感。

①客厅与DK相连，做料理时可以面向开放的客厅；DK的地面采用杉木材地板，没有进行涂装。
②优先考虑设备，采用了整体厨房，背面制作了吧台和架子。"为了不显得过于可爱，主要采用了黑色"。
③④为三姐妹在LDK的一角设置了学习区，为了从客厅不会看到容易乱成一团的桌子，设计了一面与腰等高的墙壁用以遮挡视线。另外还安装了白板，大家可以一起在上面写写画画。

　　控制阳光和风的机关也随处可见，其中最有特色的要数屋檐和混凝土地面，"炎热的夏季屋檐可以遮挡从较高位置直射的阳光，冬季则可以使阳光照进室内，采用混凝土地面提高了蓄热性，二者效果相辅相成，实现了使室内冬暖夏凉的效果"，负责建造的设计师如是说道。夫妇二人喜爱的"TRUCK"家具也与家中风格完美匹配。

阳光透过位于高处的窗户，照在房间的深处。通过楼梯井的客厅，阳光和风还能到达一楼的DK和二楼的儿童房与卧室。

❺

❻

❺开放式架子上摆满了收纳盒，十分清爽，"玩具和客厅中使用的日用品都收纳在这里"。

❻东光太太的愿望是想要一个风格粗犷的楼梯，"好像把箱子摆起来"的样子，用结构材料包起来，样子很特别。

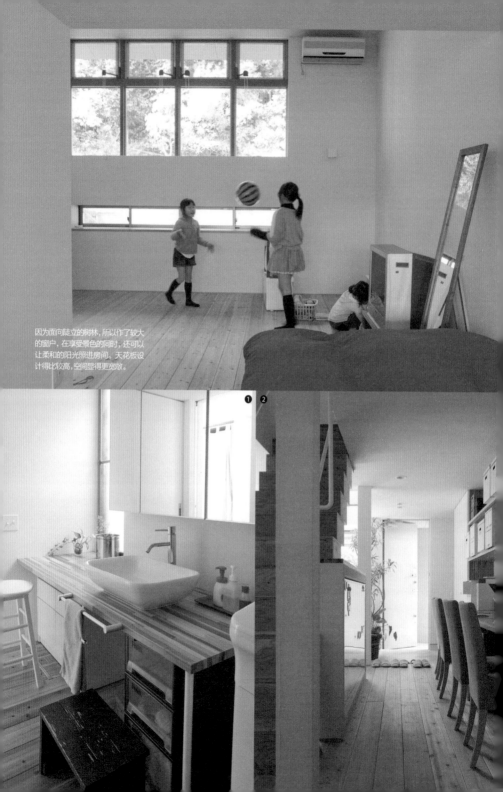

因为面向耸立的树林，所以作了较大的窗户，在享受景色的同时，还可以让柔和的阳光照进房间。天花板设计得比较高，空间显得更宽敞。

❶ ❷

Style26

2F

儿童房&卧室
约18

壁柜

DN

上部为阁楼

楼梯井

书房

1F

洗漱间 | 洗

浴室

冷

UP

学习区

DK约12

L约8

玄关

UP

露台

停车场

N

①洗漱间的窗户正对玄关正面，形成通风通道，不会藏纳湿气，因此地面和洗手台采用了木材质，营造自然的氛围。

②"我们觉得玄关和走廊十分浪费空间，所以果断省略"，通过半高墙自然地与客厅间隔开来。

③儿童房的房门基本上会一直保持打开的状态。围绕着楼梯，二楼整体形成一个房间，充足的阳光和风可以进入室内。

④二楼的楼梯井周围设计了书房，背面一整面墙全部为书架。

⑤楼梯井旁边为带推拉门的卧室。"希望房间暗一些或者希望隔断空气流通时，可以合上推拉门，但基本上会一直保持打开的状态，早上醒来时感觉也很好！"

Style 27
借景窗外绿植的房子
在这里可以尽情做自己喜欢的事

O先生　●夫妇　◆ 独栋
建筑面积 **51.58** ㎡（使用面积总和101.73㎡）

通过光线的变化和叶子的颜色，在DK中可以感受到大自然就在身边。Dk左侧最里边还可以安装窗户，为将来的儿童房预留出了空间。

Profile
夫妇二人都要工作，男主人是直升机飞行员，两人都很喜欢机车和汽车，还有DIY。虽然十分忙碌，但是两人仍然有着很多爱好。

　　宽敞的前部通道是混凝土地面，上面停着两辆机车。从到处都能看到夫妇二人兴趣爱好的一楼来到二楼，就会看到 LDK，大面积的窗户，窗外的绿植格外吸引人的眼球，非常有开放感，甚至让人忘记这是建筑面积仅有 16 平的狭窄空间。夫妇二人不仅喜欢大型机车，也很爱好 DIY，两人打造了自己喜欢的房子，"可以尽情去做自己喜欢的事情"。

　　在有限的面积中，建筑家并木秀浩先生建议把卫生间和房间设置在一楼，LDK 设置在二楼。DK 北侧的墙面有些许倾斜，在视线所及的高度安装宽度较宽的窗户，能够看到北侧绿地以及西侧公园的绿植，另外还在南侧设计了连廊和天窗，打造出与自然浑然一体的舒适空间。DK 里制作了长吧台，可用于做料理以及制作模型，非常方便。电气开关和鞋柜以及左侧管壁均由手工打造完成，也可以看出家人对房子的感情。住在这样的房子里，周围都是喜欢的东西，可以尽情地做自己喜欢的事，觉得很幸福。

①与DK相连的连廊日照非常好!由于有较高的围墙,因此平常窗户会一直开着,休息日可以一直穿着睡衣。

②为了在有限的空间内确保充足的收纳空间,在楼梯间的墙面上制作了书架。

③得益于环绕式开放布局,两个人同时做饭也不会觉得拥挤。厨房和吧台采用日本樱桃木材,手工涂漆。

客厅与DK呈L形,能够遮挡邻居家的视线,形成有私密感的空间。墙上还安装了爱猫的过道。

混凝土地面上安装了一个较大的鞋柜,也用来收纳工具。在这里可以看到庭院中种植的光蜡树。

①女主人的祖父母家是神社,新房子内也设置了她住惯的日式房间,硅藻土墙面由夫妇二人亲手完成。

②"正因为想要这样的空间才盖了自己的房子(笑)",男主人说道。在这里可以专心进行机车的维护,直到自己尽兴。

③卧室内摆放着书架,摆放着二人喜欢读的书,兼作W·I·C。清早醒来望向庭院,心情十分愉快!

④灵活利用楼梯下部作为鞋柜使用。

⑤卫生间简单而且使用方便，选择了具备必备功能的设备，有效地利用了紧凑的空间。

⑥隔断采用玻璃，还设置了淋浴间，使浴室十分具有开放感，是很好的放松空间。"早晨起来后淋浴的感觉棒极了！"

⑦宅基地的北侧是国家绿地，西侧是公园，地理位置绝佳。

Style27

2F

西式房间5　连廊　DK 13.4　冷　楼梯井　L 5

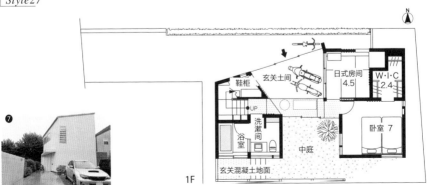

玄关土间　鞋柜　日式房间4.5　W·I·C 2.4

洗漱间　浴室　中庭　卧室7

玄关混凝土地面

1F

Style 28
在这所房子里守护孩子的成长
让人幸福愉悦

松井女士 ●夫妇+1个孩子 ◆公寓、翻修
使用面积总和 **68.00**㎡

餐厅厨房有充足的阳光照进来。"让家务轻松的"动线上设置了厨房、餐桌，还有吧台书架，都花费了很多心思。

Profile

"如果我早点接触翻修的话，真想把它当成工作（笑）"，松井女士和丈夫光明先生、儿子小玲麿（2岁）组成了一个三口之家。

　　孩子出生后松井夫妇开始考虑购买住房。希望格局符合自己的要求，还希望小区环境好，生活方便。为了满足这两方面的要求，选择了购买二手房，改造成自己喜欢的格局。在信息杂志和互联网上搜寻了承建方，最终决定与使用自然素材施工、主页品位很合自己口味的当地翻修公司合作。

　　其中一点要求是家人能够经常待在一起，在客厅内设置工作区。其次是希望使整个房间采光好。为了满足这两点要求，采用以环绕式厨房为中心、方便而且让人舒服的布局；在能够自由穿行的 W·I·C、客厅及洗漱间之间安装了室内窗……为提高居住舒适性下了不少工夫。在家里的任何一个角落都能够感受到家人的关心，最终完成后超出了自己的预期。

①②厨房是LDK与儿童区的中心，可以从走廊直接进入。采用功能完备又便于维护的整体厨房，马赛克瓷砖和灰泥的半高墙很有自然气息。
③DK的旁边设计为儿童区，能够时刻感到家人之间的关心。孩子长大后，可以加一面间壁墙变为儿童房。
④走廊与厨房和LD相连。

❶

❷

❸

❹

①沙发与工作区。以一面灰泥墙作为装饰墙，选用有深度的橄榄色，给空间以纵深感，使空间看起来比实际更加宽敞。

②北欧风的沙发购于"宜家"。

③卧室的大小恰到好处，让人觉得放松。

④卧室旁边的W.I.C通向儿童区，集中收纳全家人的物品，非常方便实用。

⑤

⑥

⑤LDK对面的墙壁上有一扇用于采光的窗户，洗漱间十分明亮，采用了蓝色的窗框与亮紫色的马赛克瓷砖，这样的色调使人感觉仿佛身处巴黎公寓。

⑥鞋柜下部悬空，使空间更加宽敞。使用旧材料做成的小装饰架提升了品位。

玄关
卧室 6.5
浴室
洗漱间
洗
冷
W·I·C
LDK 约17
儿童区约4
阳台

墙壁采用灰泥,地面采用无垢橡木材,通过翻修使一室公寓变身充满自然美感的空间。

①喜爱的家具几乎都是使用"真正的木材"制成的工艺品。
②充足的阳光和风通过窗户进入室内,"躺在一直憧憬的吊床上,仿佛置身高原,让人心旷神怡"。

Profile
和田先生是工程师,里子女士是线画家与插画家。夫妇二人喜欢攀岩、自行车等丰富多彩的户外活动。

Style 29

室内装饰多使用
自然素材
可以整年光着脚
舒适地生活

和田先生 ●夫妇 ◆公寓、翻修
使用面积总和 **57.60**㎡

和田先生最在意的就是"舒适",包括环境的"舒适"。为室内装饰选择自然素材也是翻修的一个重要环节。他和"Suma-saga 不动产"一起讨论了哪个位置选择何种素材。"他们听取了我们的意见,了解我们'要求怎样的舒适性'"希望怎样生活",并且给出了方案。例如,厨房和卫生间的灰浆会给人冰冷的感觉,对于怕冷的我来说并不是很中意,但是他们和我

③把厨房从之前的位置移到了房子的中心,安装了室内窗,增加了里面卧室的采光,同时还给厨房和卧室带来了关联感。吧台侧面混搭了瓷砖和灰泥。

④在LD的一角设置了工作区,安装在玄关旁边的鞋柜上做出了凹陷,确保有足够的使用空间。

⑤餐厅地面是厨房的延伸,采用了灰浆,"这种材料蓄热性好,冬暖夏凉非常舒适"。风格很简约,与北欧风格的家具搭配非常协调。

解释实际上这种材料蓄热性较高,因此放心地采纳了他们的方案,入住后发现确实很舒适",里子女士说道。

　　"我们想要亲手参与自己房子的改造",因此DIY挑战了涂刷灰泥和地面油漆。"我们了解房子的结构,所以在维护和安装架子时也能够轻松完成"。可以选择适合自己的素材,自己动手施工时也会觉得很有趣,这正是DIY的绝妙之处。

为了从LDK采光和通风，卧室也下了不少工夫，也走过弯路，最终方案是让房间的大小正好能容纳下床。

①卧室LDK一侧没有安装门，计划需要的时候再安装推拉门。
②为了让外面的光线进入浴室和洗漱间而安装的窄窗，"隆冬时清晨的一缕阳光照进来，让人心情很好，泡在浴缸里欣赏着外面的景色，也感觉很治愈"。
③浴室和洗漱间共用水龙头，通过2in1让空间更大。地面是灰浆，墙壁使用防水涂料粉刷。洗手台使用"Livos"油漆完成。
④卧室的一角充分利用了到天花板的高度进行收纳，为了方便使用没有安装门，而是用布帘遮挡。

⑤浴室和洗漱间之间用玻璃隔开,明亮开放。
⑥连接厨房和洗漱间的走廊地板也使用灰浆完成。改变了厨房的位置,根据配管的情况提高了地板的高度。
⑦沿着曲线精心完成的玄关厅。右手侧的帘子里是储藏室兼衣柜。

①设在条件最好的地方的房间是多功
能室。粉刷了一部分墙壁，贴上墙贴，
快乐会在这里上演。
②楼梯厅里安装了窄过道。
③兼作楼梯扶手的书架。"希望孩子兴
趣爱好广泛"，所以大人和孩子的书没
有分开收纳。

Profile

夫妻两人和长子、次子组成的四口之家。
得到的宅基地距离丈夫父母家近在咫
尺——"因为夫妻两人都要上班，所以
希望得到祖父祖母（日本人的习惯是从
最小家庭成员的角度称呼其他家庭成
员）的帮助。

Style 30

家人在一起度过
最重要。
家中任何地方
都是孩子的房间！

K先生 ●夫妻+2个孩子 ◆独栋
建筑面积 **52.14** ㎡（使用面积总和89.90㎡）

　　6岁和3岁的兄弟二人正是最
淘气的时候。"孩子可以在家中的
所有地方自由自在地玩耍"，这是
K先生的愿望。和建筑家濑野和宏
经过认真讨论达成了一致，"家里
的任何地方都是孩子的房间"，采
用了不特意做孩子的房间、以多功
能室为中心的计划。

"'不陪孩子他们也能在喜欢的地方开心地玩耍'，我们觉得濑野先生的这个想法很好。我们住进来之后，孩子们确实把所有地方都作为玩耍的地方（笑）。从阁楼到楼梯厅、楼梯下、储藏室，甚至还会在卫生间玩。"

多功能室设在二楼，明亮的阳光从南面照进来，让人感到惬意舒服。因为没有安装隔断，所以孩子们可以把玩具堆满地板，自由自在地奔跑嬉闹。

④在墙壁上涂上黑板涂料，连卫生间都成了玩耍的地方。

⑤多功能室的一角放置了电脑。大人用的东西也放在孩子玩耍的地方，这样家人在一起的时间就多了。孩子长大后可以和父母一起使用这里。

⑥现在家里4个人共用的卧室，因为衣物收在储藏室里，所以这里只放了床，让空间更大。

⑦入住后一年加盖了阁楼作为收纳空间，从安装在储藏室里侧的楼梯上下。这也被孩子当成了游戏工具，很受他们的喜爱！

① LDK和门厅与阁楼用聚碳酸酯材质的门间壁,这样设计是为了提高空调的使用效率。采用可以透光的材料制作是关键。
②楼梯下是孩子们的秘密基地,作为玩具"逃生场"大显身手。
③拓宽了玄关的台面 ,把内部作为收纳空间,用于放置婴儿车和体育用品,非常方便。
④连接过道和玄关的"通行区","打开格子门进入这里就到家了,非常安心"。

收纳
5

多功能室
9

上部阁楼

书房

DN

阳台

卧室
6

2F

K
3

冷

LD 12

UP

洗漱间
洗

玄关

浴室

停车场

1F

Part 3

让小户型更舒适！

整理与收纳的
规则和点子

"很快就能整理好""一直保持整洁"
的收纳基本规则

收纳术写作者
R吉川永里子女士
教你做

马上就能整理好,一直保持清爽干净的状态。
怎样收纳才能不让人感到疲惫呢? 吉川永里子女士为你
揭开收纳的基本规则。

ERICO YOSHIKAWA

收纳术写作者R、整理收纳顾问1级认定讲师。
"Room&me"代表。以自己"整理不好的经
历"为基础的整理收纳课程和《让原来"不会整
理的女人"幸福的方法——整理法》《吉川永里
子的衣柜收纳》(均为主妇之友社出版)等作品很
有人气。有丈夫和两个孩子,是一个四口之家。

让整理变简单的规则

吉川女士一家四口住在
2 LDK 约 50 ㎡的公寓,她
的家里到处都是"很快就能
整理好""一直保持整洁"
的理论 。

142

"很快就能整理好"的收纳规则

要实现"很快就能整理好"的目标,关键就是既不需要复杂的步骤,也不需要费力思考,通过最简单的工作就能收拾整理好。下面介绍5个具体做法。

"RULES"

01 按照使用场所
确定放置位置

　　要做到"很快就能整理好",确定收纳场所很重要。把哪里作为物品的固定位置呢?就是使用场所的附近。物品使用完之后如果不放回原来位置的话就会乱,而如果使用场所和收纳场所离得太远的话,放回去会很麻烦。如果拿出、使用和收起这一系列动作可以当场完成的话,不用费力就能整理好。

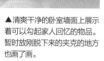

▲清爽干净的卧室墙面上展示着可以勾起家人回忆的物品。暂时放刚脱下来的夹克的地方也画了画。

◀剪刀在餐厅和厨房经常使用,所以各放了一把。有些物品取出后很容易不放回原处,要考虑把放置位置确定在使用场所及附近。

　　吉川女士说:"整理、收纳和整顿,实际上是不同的工作。""整理"是以"现在是否使用"为判断基准,决定物品保留或不要;"收纳"是指把现在使用的物品根据使用频率的高低和使用场所,站在使用者的角度为了实现最佳使用状态决定收纳位置;"整顿(循环)"是指把使用完的物品放回原来的位置。为了实现"很快就能整理好""一直保持整洁"的目标,把这3个问题分开考虑是关键。一边整理一边收纳或者一边收纳一边还原的做法,会让工作变得繁琐而复杂。"整理"是很辛苦的工作,想要看到效果,做好"收纳"也非常重要。"工作量是整理占七成、收纳占两成、还原占一成。如果完成了整理和收纳,只要每次用完物品后还原就可以完成收拾的工作了,不用大费周章"——她教给了我们整理完成后就不会反弹的基本规则。

RULES

02 把物品分成"主力队员""板凳队员"

除了考虑物品的类别，还要考虑物品的使用频率，来决定放置位置。我家把每天一定会用到的物品作为"主力队员"，收在最方便使用的位置；不是每天使用，但是只使用主要工具解决不了才会用到的物品作为"板凳队员"，使其在需要时能发挥即时战斗力——采取这样的收纳方法。这样分开可以缩短取放的时间，也可以提高做家务和收拾的效率。

▲（上）大盘子、盆和海碗等不是每天使用的餐具放在水槽下面的固定位置。（下）每天都要使用的盘子和碗等餐具、刀叉类放在厨房里最方便取放的抽屉里。

▲每天使用的笔记本和笔、孩子去托儿所要使用的体温计一起，作为"主力队员"放在吧台上面，和其他文具分开。

RULES

03 "一个动作"即可完成取放

取放物品的时候，把手边的物品挪开，打开门，再打开里面箱子的盖子……像这样，动作（action）越多就会越麻烦。家里有很多物品容易拿出来就不放回去，就是因为收纳整理比较麻烦，所以应该尽量减少收纳所需的步骤，这是能否很快整理好的决定因素。要以一个动作"one action"就能完成取放为目标，即使做不到这个程度也要设法尽量减少步骤。

▲橱柜下半部分里侧的物品不方便取放，放入文件盒就可以拉出来，不需要挪开手边的物品就能取出里面的物品。

▶在固定位置装上挂钩，平时使用的包挂在上面即可。根据家人的身高决定挂钩的高度，让孩子从幼儿园回来后可以自己收拾。

144

RULES 04 | 一起使用的物品集中收纳

▲在制作收纳标签时会大显身手的"打码机"。说明书和纸带也一起收纳在透明袋子中，取放整理都会变得非常简单。

数码相机、计算机及"打码机"等物品都会附带连接线、说明书及充电器等很多附属品。如果把这些分开收纳的话，使用和收拾时就必须分别去几个地方找，效率很低。而且很多时候主体部分都扔掉了，附属品还留在另外的地方。为了防止这样的情况出现，把一起使用的物品集中收纳。

◀▶装着家人照片的相册放在餐厅的架子上，想看的时候可以很轻松取出。数码相机、数据线及支架也一起收在盒子里放在架子上。

BASIC RULES

"很快就能整理好"的规则

RULES 05 | 不需要思考，"简单动动手"即可放回原处

"整理""收纳""还原（循环）"中，需要用脑的是"整理""收纳"。如果每天收拾的时候都要考虑"这个放回哪里呢?"，不可能很快收拾好。确定好固定位置，做上标记，建立"收纳"系统，让孩子也能简单动动手就收拾好，这要花一些心思。

▲▶家人使用的收纳空间都用标签标记清楚，哪里收纳了什么物品一目了然。只要"放回有标签的位置"即可，不用考虑，所以孩子也能马上收拾好。

145

▼衣柜的挂衣杆上可以挂的服装的定量是八成，放入十成的话衣服会有皱纹。如果必须拿起衣服一件一件的看，衣柜就失去了意义。

"一直保持整洁"的收纳规则

为了"一直"保持干净整洁的状态，需要下工夫，控制进入家中的物品和取出物品的数量，使家里可以很容易保持整洁。来介绍一下窍门。

"RULES"

01 | 遵守定量

在收拾好的房子里，"清楚知道哪里有什么，不会找不到东西"。也就是说知道自己可以掌握的物品的数量，并保持这个数量，这就是保持整洁的窍门。恰当的数量因人而异，也会受到房间大小的限制。在保证生活方便的前提下摆放好家具，把物品收在各自的固定位置，如果还有物品放不下的话，就超出了定量100%。决定定量，遵守一进一出的原则吧！

▲很多家庭都有不少伞，吉川家规定了伞的数量，人数+2把。

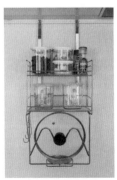

▲基本调料放到能清楚看到余量的透明容器中，没有囤货。只有500g一包的砂糖放到容器里一半，剩下的一半存着。

▲超市购物袋不知不觉就会攒很多，仅保留这个小包能容纳的量。为了不用打开就可以知道袋子的尺寸，收纳时折成这样的三角形。

02 | 不用的物品 不要混在一起

很多家庭无法保持干净的状态，很容易反弹，是因为在平时使用的物品中混杂着不用的物品。要保持干净整洁的状态，只能保留真正要用的东西。如果混杂了不用的物品，需要的物品就会变得难以取放，混乱无法管理。首先请尝试把要用的物品和不用的物品分开，这样取放要用的物品就会变得轻松，而不用的物品一起归到其他地方，需要处理掉的时候也会更容易。

▼抽屉中不放"也许什么时候能用上"的物品，只放"现在要用的"物品，把现在不用的物品放到其他地方，如果可以确定以后也不会用的话就处理掉。

桌子和吧台是"容易乱放东西"的危险位置，如果把这些地方收拾得清爽，房间也会显得整洁，有焕然一新的感觉。

RULES

03

必需注意不在 "容易乱放东西 的地方"放东西

有些地方，比如吧台和桌子，很容易就把东西"随手放上去"，每家都有"容易随手放东西的关键地方"，只要放了一个，那里的东西就会越来越多，很快就会变得乱七八糟。为了保持干净整洁的状态，首先要把这样的地方作为重点，给家庭成员制订规则，注意保持"那里不放任何东西"的状态。

RULES

04 | 用标记做出 "物品的住所"

要一直保持干净整洁的状态，给收纳空间做标记的做法非常有效。做了标记之后，哪里放了什么物品一目了然，家人取放很方便，也很容易收拾好。而且做标记还有一个作用，就是防止其他物品入侵。如果抽屉上贴了"内裤"的标签，中间就算有空隙也很难放入袜子，这样就可以防止不知不觉中变得凌乱的情况发生。

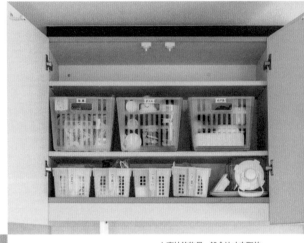

▲高处的物品一般会让丈夫取放，所以每一件都会认真贴上标签，无论是拜托的一方还是取东西的一方都会很轻松。

▲写标签的基本规则是要让所有人都能明白，而且要简洁。

▲衣柜里抽屉的收纳，用美纹纸胶带写上内容区分是哪个家庭成员的，让孩子也能知道哪里有什么。

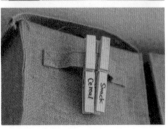

◀▼冰箱上面摆着放谷物和婴儿食品的黄麻收纳箱，黄麻材质无法贴标签，所以在木制夹子上用笔写上内容，夹在把手上。

148

05 | 设置"保留"的场所

把不用的物品和要用的物品分开，设置暂时存放的"保留场所"，这个做法非常重要。我最近想着也许可以不要带传真的电话，把它移到了保留场所，这样观察一段时间，如果觉得没有也不影响生活的话就可以处理掉。另外，把礼物送给别人前暂时保管和快递包裹暂时存放，都可以利用这个地方。

◀衣柜一角的保留空间。采访时这里暂时放着要洗的地毯。

BASIC RULES

"一直保持整洁"的收纳规则

RULES

06 | 设定"复位时机"

在日常生活中时常设置可以把房间复位的时机，也有利于一直保持干净清爽的状态。例如，如果要在餐桌上做一项工作的话，吃饭时就要再收拾一次。每月一次把人叫到家里也会成为复位的机会。日常的复位以15分钟就可以恢复到原本干净的状态是最理想的，请以此为目标在收纳上多用心。

收纳达人
亲自实践

"很快就能整理好""一直保持整洁"
——收纳点子和独家秘笈

我们拜访了2个家庭，
漂亮的室内装饰和生活便利性做到了两全其美。
我们采访了主人怎样才能保持干净清爽的状态，
他们都有自己的独特的做法。

用留有空当的可爱收纳保持清爽！

　　船井女士充分发挥自己擅长的 DIY，把收纳规划得很有品位 。她"很快就能整理好""一直保持整洁"的收纳秘诀就是"空当""恰当的位置""外观美观"3点。不要塞得满满当当，要留有空当，这样容易收拾得清爽，放进去的物品可以看得清清楚楚，不会找不到在哪里，这些是关键。"恰当的位置"要考虑家人的动线，决定收纳的位置。特别是随着孩子的长大，他自己能做的事情越来越多，用的东西也会变化，这时就需要重新考虑。而且最重要的是，"如果外观漂亮就会想继续保持"。听到孩子或者朋友称赞"房间真不错！"，也会让人很高兴，不知不觉就会喜欢上整理。

如果外观漂亮
就会愿意保持

船井女士

SUMIE FUNAI
家具和室内装饰DIY、缝纫、料理……
船井女士的生活多姿多彩。她和丈夫
及两个孩子一起生活在翻修的公寓里。
翻修是委托"空间社"做的。

左下餐具类
保持这里能够放入的定量，
非常清爽。

减小收纳空间的纵深，"不让里面有
东西"，也是"容易取放、不产生压箱
底的东西"的关键。

船井女士家的DK。发挥开放式架子、封闭柜子和玻璃柜子的优势，让收纳很美观。

K I T C H E N

B

点心和面包装在筐里用布盖上。

为了让所有的家庭成员都容易取到，把靠近餐桌的位置作为固定位置。太鲜艳的点心包装用布遮挡，看起来清爽整洁。

C

厨房里常备文具和印章

经常会在厨房或者餐厅做一点诸如在文件上盖章的简单的事务性工作，所以把文具等物品也放在厨房的架子上。铁皮盒子很美观。

工具悬挂收纳，伸手就能拿到。

炉灶前排成一排的厨房用具，放在容易从作业区取放的位置。每周一次集中用洗碗机清洗以保持清洁。统一为不锈钢质地与黑色，看上去很漂亮。

KITCHEN

D

折叠好的超市购物袋最好采用投入式

超市购物袋虽然占地方，但是很轻，所以放入麻布袋子中悬挂起来收纳。不占地方，很容易取放，使用非常方便。

频繁使用的物品放入葡萄酒箱的抽屉中

橡皮筋、曲别针、垃圾袋以及抹布等频繁使用又容易弄得乱七八糟的物品一起放进葡萄酒箱子里，当做抽屉使用，拉出来能看到里面，取放很轻松。

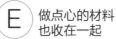

E 做点心的材料也收在一起

做点心的时候只要取出这个箱子中的工具即可，收起来时也只要全部放回这个箱子。所以可以防止"拿出来不放回去"与"工具去向不明"的情况。

充分利用家电用滑动架子

经常用到的食材放入木箱收在滑动架子上，即使放入罐头等稍微有点重的东西，也可以利用滑动架子很轻松地拉出来。旁边放着电饭煲。

SANITARY

包装尽量选择白色和蓝色

物品的颜色统一选择白色和蓝色，会让洗漱间看起来清爽干净，"因为护理用品多是蓝色的，所以可以做到"。颜色不一样的物品收在筐里。

用杂货和实用品进行"展示收纳"

浴巾的数量只要有家里人数＋几条就足够了。化妆棉放在玻璃瓶里，客人用的拖鞋放在筐里。如果多用心设计，实用品也会美观可爱。

L I V I N G

零碎玩具暂时存放

赠送的玩具"玩够了就会想扔掉"，把这里作为暂时避难所。"如果确定了存放位置，孩子们就不会把东西拿出来就不放回去"。

经常使用的物品放在指定位置

从左面开始依次是工具、遥控器、电池。如果把物品放在所有家庭成员容易记住的地方，就不用想"那个东西在哪里呢？"，不会发生找不到东西的麻烦。

孩子每天早上要用的物品 (F)

手绢、便当袋、发卡⋯⋯上面是女儿容易每天早上出门的时候要用到的东西，下面是弟弟弹的东西。

经常使用的"杂七杂八的东西"放在背面

这个桌子也是船井女士的作品，正面是抽屉，背面是开放式柜子，放化妆品和从图书馆里借来的书。

(G) 孩子的玩具都放在这里

这里的橱柜是船井女士的DIY处女作，外观可爱的收纳家具让孩子也很愿意收拾整理。

H 用筐、箱子、玻璃瓶让收纳美观

为了保持开放式柜子的收纳可爱整洁，窍门就是使用漂亮的收纳容器。留出"空当"摆放，看起来会像展览一样，非常美观。

I 缝纫机放在缝纫时坐的凳子里

缝纫机重，不方便搬运，但如果收在缝纫时坐的凳子里的话，就可以很快收拾好。这个带脚轮的凳子也是DIY作品。

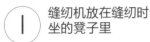

ATELIER

连接客厅的工作室。桌子是家里人共用的，所以规定每个人用完后都要收拾好，恢复到没有任何物品的状态。

J 不要塞得太满，要留有"空当"

作为孩子的学习角使用的工作室，使用完毕马上收拾好是船井家的规矩。为了能很快收拾好，留了空当。

工具悬挂收纳，
可以快速整理好且
一直保持

使用和放回都用一个动作就能完成，所以很快就能整理好，"按照从长到短的顺序以相等的距离摆放，看起来很美观，所以乐于保持这个状态。"

考虑到外观美观和使用方便，甚至对厨房中开放式架子的纵深和板的厚度都很用心。

SHIHO KATAYAMA

去年在"soramado"建了新房子的片山女士。"不想囤积不用的东西"，所以在计划阶段就决定减少收纳空间。和丈夫、两个孩子一起生活，是一个四口之家。

固定位置只放置
定量的物品，
即可保持整洁。

片山女士

夫妇俩一起建立收纳系统，使用起来更方便

片山家"很快就能整理好""一直保持整洁"的秘诀是"开放式收纳""放在使用位置旁边""控制量"这三个。

"隐藏收纳容易积攒很多不用的东西，有门的收纳间会让人有压迫感，所以我喜欢开放式收纳"，片山女士说。容易取放、让家里所有人都清楚物品放在哪里是关键。

"因为能看到，所以对颜色和设计都很用心。"

常用调料放在使用的地方

盐、胡椒粉、砂糖、小麦粉等常用调料放在炉灶和水槽之间的操作台面上，把这里作为固定位置。因为这些会一直摆在外面，所以选择了统一的容器，使其美观。

家庭咖啡用具采用展示收纳

咖啡、红茶、杯托、碟、木头托盘等，外观可爱的咖啡用品类，收在家人和朋友可以自由使用的位置。

充分利用收在吧台下的推车

调料、厨房用纸和皮筋等频繁使用的物品一起放在"宜家"的推车里。平时放在吧台下面，做饭的时候拉出来。

很快就会扔掉的物品集中放置

孩子使用的塑料餐具和"以前喜欢"的餐具。还有其他很快会淘汰的物品也集中放在一起。要留出地方，以便能够放得下新添置的物品。

K I T C H E N

　　能够很快整理好的秘诀就是"放在使用场所的旁边"。把使用频率高的物品集中放在厨房的开放式架子的中央，在孩子活动的地方与孩子可以拿到的地方放他们用的东西，给孩子创造条件，方便他们自己收拾。厨房的食材和客厅的日用品、孩子的衣物和玩具等不适合开放式放置的物品，要充分利用箱子，坚持做到"只储存箱子可以容纳的量"，这是可以一直保持清爽干净的秘诀。其实擅长收纳的是喜欢整理收拾的丈夫，他制作架子组装在衣柜中，建立收纳系统。"我们家多亏了孩子爸爸才能收纳得这样清爽，在这样的房子里生活很舒服！"

W A R D R O B E

决定区域,采用开放与悬挂收纳

利用卧室的一整面墙壁收纳夫妻俩的衣物,就像时装店一样。外套和连衣裙挂起来,其他衣物按照类别叠起来收纳。不装得过满是收纳的窍门,既方便衣物取放,看起来也清爽干净,"这样收纳就可以保持整洁的状态"。袜子和内衣放在收纳箱里。

L I V I N G

日常使用的物品保持这里可以容纳的量

片山家以LDK为生活中心。工具、家电的电线类、使用说明书、书、文具、药等生活必需品和玩具、婴儿用品与包等"孩子的东西"一起收在客厅的衣柜里。"每个种类都只有箱子可以容纳的量,定期检查。孩子的衣服会经常淘汰"。

采用开放式收纳
保持清爽

护理用品、浴巾、扫除用品及电吹风等洗漱间要用的物品一起放在推车里。"既方便使用，又不会产生多余的东西"。

护理用品只有这里
可以容纳的量

护发用品、护肤品、眼部护理用品、棉棒及家人用的护理用品保持定量。使用百元店购买的隔板收纳得清爽整洁。

S A N I T A R Y

把方便家人使用的位置作为固定位置。帽子采用看起来很可爱的展示收纳。

孩子的鞋放在他自
己可以拿到的地方

"把鞋子在固定位置摆放得美观，他们会很愿意自己放回去"。

和杂货放在一起，
像店里一样收纳

钥匙、鞋刷等容易让玄关周围变得乱七八糟的物品，放在托盘里和杂货搭配着摆放，形成展示的感觉，看起来很美观。

E N T R A N C E

内容提要

本书通过 30 个家庭、30 个小户型的独特做法，介绍了如何把小户型打造成自己喜欢的居所。内容共分三个部分，第一部分为小户型的室内装饰；第二部分为小户型也能尽情享受生活；第三部分为整理与收纳的规则和点子。全书图文并茂，案例经典。

本书适合家居设计、家居创意爱好者阅读。

北京市版权局著作权合同登记号：图字 01-2018-3636

自分らしい暮らし　小さいおうち編
© Shufunotomo.Co.,Ltd.2015
Originally published in Japan by Shufunotomo Co., Ltd
Translation rights arranged with Shufunotomo Co., Ltd.
through CREEK & RIVER Co., Ltd. and CREEK & RIVER SHANGHAI Co., Ltd.

图书在版编目（CIP）数据

有个性的小户型家居30例 / 日本主妇之友社著；蔡
晓智译. -- 北京：中国水利水电出版社，2019.5
ISBN 978-7-5170-7648-3

Ⅰ. ①有… Ⅱ. ①日… ②蔡… Ⅲ. ①住宅－室内装
饰设计 Ⅳ. ①TU241

中国版本图书馆CIP数据核字(2019)第079662号

策划编辑：庄　晨　　责任编辑：杨元泓　　加工编辑：王开云　　封面设计：梁　燕

书　　名	有个性的小户型家居 30 例　YOU GEXING DE XIAO HUXING JIAJU 30 LI	
作　　者	[日]主妇之友社　著　蔡晓智　译	
出版发行	中国水利水电出版社	
	（北京市海淀区玉渊潭南路 1 号 D 座　100038）	
	网　址：www.waterpub.com.cn	
	E-mail: mchannel@263.net（万水）	
	sales@waterpub.com.cn	
	电　话：（010）68367658（营销中心）、82562819（万水）	
经　　售	全国各地新华书店和相关出版物销售网点	
排　　版	北京万水电子信息有限公司	
印　　刷	雅迪云印（天津）科技有限公司	
规　　格	146mm×210mm　32 开本　5 印张　100 千字	
版　　次	2019 年 5 月第 1 版　2019 年 5 月第 1 次印刷	
印　　数	0001—5000 册	
定　　价	45.00 元	